合格の決め手！

電気通信工事施工管理
学科試験予想問題集

1級2級対応

不動 弘幸　編著

弘文社

はしがき

　はじめまして。本書を手にされた皆さんは，「電気通信工事施工管理技士」の1級または2級を受験しようという志のある方であると思われます。

　「電気通信工事施工管理士」は国土交通省の国家試験です。この試験は，近年の高度情報化社会の進展に伴う電気通信工事の需要の拡大に対応した技術者の不足の深刻化を背景に，2019年に開始されたばかりです。

　このため，市販のテキストも殆どない現状で，受験者泣かせの実態があります。多くの受験者から，出版社へも「予想問題集」の発行要望が日々高まっています。

　本書は，この要望にいち早く応えるため，類似の国家試験問題などを十分に精査し，「合格の決め手！電気通信工事施工管理学科試験予想問題集　1級・2級対応」として発行するものです。

　市販のテキストを一通り読み終えた方は，「本当にどの程度理解できているのだろうか？」と不安になっているようです。

　実力試しの意味も込めて，この不安を解消できるよう，「出題傾向をズバリ予想」，「出題テーマを項目別に整理」，「この1冊で短期決戦・一発合格」をコンセプトとし，ノウハウを精一杯盛り込んで執筆しました。

　幸いにも，「電気通信工事施工管理技士に求められる知識と能力」が国土交通省のＨＰで公表されています。本書では，これらの情報を基に予想問題をまとめ，受験者の羅針盤的な役割を果たすよう工夫を凝らしています。

　本文中の，☆☆☆印は重要度Ａ（特に必要な知識と能力），☆☆印は重要度Ｂ（必要な知識と能力），☆印は重要度Ｃ（知識として有することが望ましい）とされている部分です。また，試験に出ました！は実出題分を表しています。

　それでは，「短期決戦・一発合格！」を目指し，本書の問題に取り組んでください。わからないところは市販のテキストで調べることも重要です。きっと努力が短期に実を結ぶことでしょう！

　　　　　　　　　　　不動弘幸

目　　次

6

実地試験とはどんなものか，
見ておくと参考になるよ！
僕もたまに登場するので，
よろしくね！

電気通信工学

電気通信工学は,「電気理論,通信工学,情報工学,電子工学」からなりたっています。電気通信工学は,「電気通信」に携わる人にとって必要な一番の基礎といえます。

まずは,昔習ったことなどを思い出しながら,新しい知識も習得するようにして下さい。

このジャンルは,「苦手」とする方が圧倒的に多いので,あまり無理せず,【問題】は50%程度解けるのを目指すとよいでしょう!

選択率は1級で70%程度,
2級で75%となっているよ!

☆出題ウエイトを確認しておこう!☆

(問題出題・解答数の目安)

級の区分	1級		2級	
出題分野	出題数	解答数	出題数	解答数
電気通信工学	16	11	12	9
電気通信設備	28	14	20	7
関連分野	10	7	8	4
施工管理法	22	20	13	13
法規	14	8	12	7
合計	90	60	65	40

第1章．電気理論

第1節　電気理論　☆☆☆

【問題1】　直径が2 mm，長さが1 kmの導体の抵抗値として，正しいものはどれか。ただし，導体の抵抗率は2×10^{-8} Ω・mとする。

(1) $\dfrac{1}{50\pi}$ [Ω]　　(2) $\dfrac{\pi}{20}$ [Ω]　　(3) $\dfrac{20}{\pi}$ [Ω]　　(4) 50π [Ω]

解説

導体の抵抗率$\rho = 2 \times 10^{-8}$ [Ω・m]，導体の半径は1 mmであるので断面積
$S = \pi(10^{-3})^2 = 10^{-6}\pi$ [m²]，長さ$\ell = 10^3$ [m]であるので，

導体の抵抗 $R = \rho\dfrac{\ell}{S} = 2 \times 10^{-8} \times \dfrac{10^3}{10^{-6}\pi} = \dfrac{20}{\pi}$ [Ω]　　　　答　(3)

 Point ➡ 導体抵抗の計算式：$R = \rho\dfrac{\ell}{S}$ [Ω]

【問題2】　ある金属体の温度が20 [℃] のとき，その抵抗値が10 [Ω] である。この抵抗値が11 [Ω] となるときの温度 [℃] として，適当なものはどれか。ただし，抵抗温度係数は0.004 [℃⁻¹] で一定とし，外部の影響は受けないものとする。

(1) 40　　　　(2) 42.5　　　　(3) 45　　　　(4) 47.5

解説

20 [℃] のときの抵抗をR_1 [Ω]，20 [℃] のときの抵抗の温度係数をα_1
[℃⁻¹]，温度変化後の温度をt [℃] とすると，温度変化後の抵抗R_2は，

$R_2 = R_1 \{1 + \alpha_1 (t - 20)\}$

$\quad = 11 = 10 \{1 + 0.004 (t - 20)\}$

$1.1 = 1 + 0.004 (t - 20) \rightarrow 0.1 = 0.004 (t - 20) \rightarrow 100 = 4 (t - 20)$

$\therefore \quad t = 45$ [℃]　　　　　　　　　　　　　　　　答　(3)

 Point ➡ $R_2 = R_1 \{1 + \alpha_1 \times (温度変化分)\}$

【問題3】　図に示す回路における，A―B間の合成抵抗値として，正しい
ものはどれか。

（1）$\dfrac{109}{18}$［Ω］

（2）8［Ω］

（3）$\dfrac{109}{6}$［Ω］

（4）24［Ω］

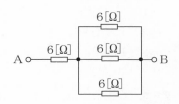

解説 ....

$$合成抵抗 = 6 + \dfrac{1}{\dfrac{1}{6} + \dfrac{1}{6} + \dfrac{1}{6}} = 6 + 2 = 8\ [Ω] \qquad\qquad 答\ （2）$$

Point ➔ 3個の同値の並列抵抗は $\dfrac{1}{3}$ 倍の値

【問題4】　図の回路の端子 ab 間の合成抵抗［Ω］として，正しいものはど
れか。

（1）1［Ω］

（2）2［Ω］

（3）3［Ω］

（4）4［Ω］

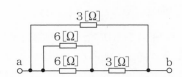

解説 ....

解くための取っ掛かりを見い出すことがポイントとなる。

手順①　6［Ω］2個の並列抵抗の算出 ： $\dfrac{6 \times 6}{6 + 6} = \dfrac{36}{12} = 3\,[Ω]$

手順②　①と3［Ω］の直列抵抗の算出 ： $3 + 3 = 6\,[Ω]$

手順③　②と3［Ω］の並列抵抗の算出 ： $\dfrac{6 \times 3}{6 + 3} = \dfrac{18}{9} = 2\,[Ω]$　　　答　（2）

Point ➔ 並列抵抗の計算のコツ⇒計算は2個ずつ処理

【問題5】　図に示す回路において，各抵抗の値がそれぞれ 12 [Ω] であるとき，端子 AB 間の合成抵抗 [Ω] として，正しいものはどれか。

（1）　6 ［Ω］
（2）　12 ［Ω］
（3）　16 ［Ω］
（4）　20 ［Ω］

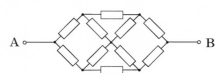

解説

図の回路は下図❶の破線で示したように上下対称である。そこで，上部だけを取り出して回路を簡素化すると下図❷のように表せる。

❶

❷

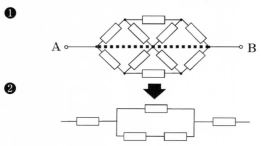

❷の回路の合成抵抗の算出 ： $12 + \dfrac{12 \times 24}{12 + 24} + 12 = 32\,[\Omega]$

端子AB間の合成抵抗の算出 ：上下対称形であるので，32 [Ω] が 2 つ並列になっているとみなしてよいので，

$$\text{端子AB間の抵抗} R_{AB} = \dfrac{32 \times 32}{32 + 32} = 16\,[\Omega] \qquad\qquad 答 \quad（3）$$

Point ➡ 上下対称回路の抵抗計算のコツ ⇒ 2 個並列の計算

【問題6】　図のような回路で，スイッチ S を閉じたときの ab 端子間の電圧 [V] として，適切なものはどれか。

（1）　30 ［V］
（2）　40 ［V］
（3）　50 ［V］
（4）　60 ［V］

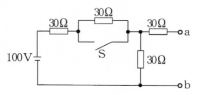

解説

スイッチSを閉じたときの回路は右図のように表すことができる。このときの回路の電流 I は，

$$I = \frac{100}{30+30} = \frac{100}{60} = \frac{5}{3}\ [\text{A}]$$

したがって，ab 端子間の電圧 V_{ab} は，

$$V_{ab} = 30I = 30 \times \frac{5}{3} = 50\ [\text{V}]$$

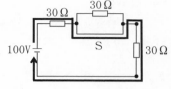

答　（3）

Point → スイッチSを閉じる→Sの真上30Ωが短絡される

【問題7】　図に示す直流回路網における起電力 E [V] の値として，正しいものはどれか。

（1）8 [V]
（2）10 [V]
（3）16 [V]
（4）28 [V]

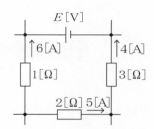

解説

左回りにキルヒホッフの第二法則を適用すると，電圧降下の総和＝起電力の総和であるので，

$$-1 \times 6 + 2 \times 5 + 3 \times 4 = E$$

$$\therefore\quad E = -6 + 10 + 12 = 16\ [\text{V}]$$

答　（3）

Point → キルヒホッフの第二法則→電圧降下の総和＝E

14

【問題 8】 図に示す回路において，回路全体の合成抵抗 R と電流 I_2 の値の組合せとして，適切なものはどれか。ただし，電池の内部抵抗は無視するものとする。

合成抵抗 R 電流 I_2
（1）25［Ω］   2［A］
（2）25［Ω］   4［A］
（3）85［Ω］   2［A］
（4）85［Ω］   4［A］

解説

回路の合成抵抗 $R = 5 + \dfrac{40 \times 40}{40 + 40} = 5 + 20 = 25$［Ω］

全電流 $I_1 = \dfrac{起電力E}{合成抵抗R} = \dfrac{100\,[\text{V}]}{25\,[\Omega]} = 4$［A］

$\therefore \quad I_2 = I_1 \times \dfrac{40}{40 + 40} = 4 \times \dfrac{1}{2} = 2$［A］   答　（1）

Point ➡ 分流電流の計算→全電流×$\dfrac{相手側の抵抗}{並列回路の抵抗の和}$

【問題 9】 図に示す回路において，電源から流れる電流は 20［A］である。図中の抵抗 R に流れる電流 I_R［A］として，適切なものはどれか。

（1）0.8［A］
（2）1.6［A］
（3）3.2［A］
（4）16［A］

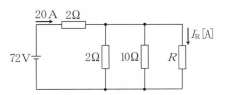

解説

2［Ω］の抵抗に 20［A］が流れているので，この 2［Ω］の端子電圧は 2 × 20 ＝ 40［V］である。このため，3 つの並列抵抗の端子電圧は，72 − 40 ＝ 32［V］である。

全電流　$20\,[\text{A}] = \dfrac{32\,[\text{V}]}{2\,[\Omega]} + \dfrac{32\,[\text{V}]}{10\,[\Omega]} + \dfrac{32\,[\text{V}]}{R\,[\Omega]} = 16 + 3.2 + \dfrac{32}{R}$

$$\therefore\ I_R = \frac{32}{R} = 20 - 16 - 3.2 = 0.8\ [\text{A}] \qquad\qquad 答\ (1)$$

 Point → 並列回路の全電流＝分路電流の和

【問題10】　家庭用の 100［V］電源で動作し，運転中に 10［A］の電流が流れる抵抗負荷機器を，図のとおりに 0 分から 120 分まで運転した。このとき消費する電力量［W・h］として，適切なものはどれか。

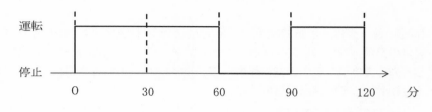

（1）1000　　　　（2）1200　　　　（3）1500　　　　（4）2000

解説

電圧 $V = 100$［V］，電流 $I = 10$［A］であるので，この負荷の消費電力 P は，

$$P = VI = 100 \times 10 = 1000\ [\text{W}]$$

120 分間のうち，使用している時間 T は，

$$T = 60 + 30 = 90\ [分] = 1.5\ [\text{h}]$$

であるので，消費電力量 W は，

$$W = PT = 1000 \times 1.5 = 1500\ [\text{W}\cdot\text{h}] \qquad\qquad 答\ (3)$$

 Point → 電力量　$W=$ 電力P×時間T［W・h］

【問題11】　ある回路に，$i = 4\sqrt{2}\ \sin 120\pi t$［A］の電流が流れている。この電流の瞬時値が，時刻 $t = 0$［s］以降に初めて 4［A］となるのは，時刻 $t = t_1$［s］である。t_1［s］の値として，適当なものはどれか。

（1）$\dfrac{1}{480}$　　　（2）$\dfrac{1}{360}$　　　（3）$\dfrac{1}{240}$　　　（4）$\dfrac{1}{160}$

解説

時刻 $t = 0$［s］以降に初めて 4［A］となるのは，時刻 $t = t_1$［s］であるので，

この条件を，$i = 4\sqrt{2}\sin 120\pi t$ [A] の式に代入すると，

$$4 = 4\sqrt{2}\sin 120\pi t_1 \text{ [A]} \quad \rightarrow \quad \sin 120\pi t_1 = \frac{1}{\sqrt{2}} = \sin\frac{\pi}{4}$$

$$\therefore \quad t_1 = \frac{\dfrac{\pi}{4}}{120\pi} = \frac{1}{480} \text{ [s]} \qquad\qquad 答 \quad （1）$$

Point $\rightarrow$ $\boxed{\sin\dfrac{\pi}{4} = \dfrac{1}{\sqrt{2}}}$

【問題12】 表は，正弦波交流電圧 v [V] を全波整流および半波整流した場合の整流波形について，それぞれの平均値 [V] および実効値 [V] を示したものである。表中の空白箇所 $\boxed{ア}$ および $\boxed{イ}$ に記入する式の組み合わせとして，適当なものはどれか。

整流波形	平均値	実効値
V_m〜v〜ωt（0, π, 2π, 3π, 4π）	$\dfrac{2V_m}{\pi}$	$\boxed{（ア）}$
V_m〜v〜ωt（0, π, 2π, 3π, 4π）	$\boxed{（イ）}$	$\dfrac{V_m}{2}$

$\qquad\qquad$ ア $\qquad\qquad\qquad$ イ

（1）$\dfrac{V_m}{2\sqrt{2}}$ $\qquad\qquad$ $\dfrac{\sqrt{2}\,V_m}{\pi}$

（2）$\dfrac{V_m}{2}$ $\qquad\qquad$ $\dfrac{\sqrt{2}\,V_m}{\pi}$

（3）$\dfrac{V_m}{\sqrt{2}}$ $\qquad\qquad$ $\dfrac{\sqrt{2}\,V_m}{\pi}$

（4）$\dfrac{V_m}{\sqrt{2}}$ $\qquad\qquad$ $\dfrac{V_m}{\pi}$

解説

❶　交流電圧の実効値 $V = \sqrt{1\text{周期分の}v^2\text{の平均}}$ であるので，

　　全波整流波形の実効値 $V = \sqrt{\dfrac{V_m{}^2}{2}} = \dfrac{V_m}{\sqrt{2}}$ ［V］

❷　半波整流波形の平均値は，全波整流波形の平均値の $1/2$ であるので，

　　半波整流波形の平均値 $V_a = \dfrac{V_m}{\pi}$ ［V］　　　　　　　　　　　答　（4）

 （Point） → 実効値＝√瞬時値の2乗の平均

【問題13】　図のように，誘導性リアクタンス $X_L = 10$ ［Ω］ に，次式で示す交流電圧 v ［V］ が加えられている。

　　$v = 100\sqrt{2}\,\sin\,(2\pi ft)$ ［V］

この回路に流れる電流の瞬時値 i ［A］ を表す式として，適当なものはどれか。ただし，式において t［s］は時間，f［Hz］は周波数である。

（1）　$i = 10\sqrt{2}\,\sin\left(2\pi ft - \dfrac{\pi}{2}\right)$

（2）　$i = 10\,\sin\left(\pi ft + \dfrac{\pi}{4}\right)$

（3）　$i = -10\,\cos\left(2\pi ft + \dfrac{\pi}{6}\right)$

（4）　$i = 10\sqrt{2}\,\cos(2\pi ft + 90)$

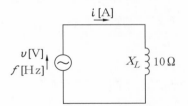

解説

電圧の最大値 $V_m = 100\sqrt{2}$ ［V］で，負荷が誘導性リアクタンス X_L ［Ω］ のときには電流は電圧より $\pi/2$ ［rad］位相が遅れる。したがって，電流の瞬時値 i は，

$$i = \dfrac{V_m}{X_L}\sin\left(2\pi ft - \dfrac{\pi}{2}\right) = \dfrac{100\sqrt{2}}{10}\sin\left(2\pi ft - \dfrac{\pi}{2}\right)$$

$$= 10\sqrt{2}\,\sin\left(2\pi ft - \dfrac{\pi}{2}\right) \text{［A］}$$
　　　　　　　　　　　　　　　　　　　　　　　　　　　　　　　答　（1）

 （Point） → 誘導性リアクタンスの電流→電圧より位相が $\dfrac{\pi}{2}$ 遅れ

【問題14】 図に示す RLC 直列回路に交流電圧を加えたときの力率の値として，正しいものはどれか。ただし，$R = 3$［Ω］，$X_L = 8$［Ω］，$X_C = 4$［Ω］とする。

（1）0.5
（2）0.6
（3）0.7
（4）0.8

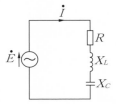

【解説】

直列回路のインピーダンスを Z とすると

$$Z = \sqrt{R^2 + (X_L - X_C)^2} = \sqrt{3^2 + (8-4)^2} = 5 \ [\Omega]$$

したがって，力率 $\cos\theta$ は，

$$\cos\theta = \frac{R}{Z} = \frac{3}{5} = 0.6 \qquad\qquad 答　（2）$$

(P o i n t) ➡ 直列回路の力率　$\cos\theta = \dfrac{R}{Z}$

【問題15】 試験に出ました！

下図に示す RLC 直列共振回路において，共振周波数 f_0［Hz］の値として，適当なものはどれか。ただし，抵抗 $R = 10$［Ω］，インダクタンス $L = 40/\pi$［mH］，コンデンサ $C = 4/\pi$［μF］とする。

（1）1.25［Hz］
（2）15［Hz］
（3）125［Hz］
（4）1250［Hz］

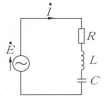

【解説】

直列回路の抵抗を R［Ω］，誘導性リアクタンスを X_L［Ω］，容量性リアクタンスを X_C［Ω］とすると，回路のインピーダンス Z は，

$$Z = \sqrt{R^2 + (X_L - X_C)^2} \ [\Omega]$$

となる。直列共振状態では $X_L = X_C$ が成立するので，インピーダンス $Z = R$ [Ω] となる。

ここで，共振時の周波数を f [Hz] とすると，

$$X_L = \boxed{2\pi fL} = X_C = \boxed{\dfrac{1}{2\pi fC}}$$

$$\therefore \quad f = \frac{1}{2\pi\sqrt{LC}} = \frac{1}{2\pi\sqrt{\left(\dfrac{40}{\pi}\times10^{-3}\right)\times\left(\dfrac{4}{\pi}\times10^{-6}\right)}} = \frac{1}{2\pi\times\left(\dfrac{4}{\pi}\times10^{-4}\right)}$$

$$= \frac{10000}{8} = 1250 \ [\text{Hz}] \qquad\qquad 答 \quad（4）$$

 Point ➡ 直列共振周波数　$f = \dfrac{1}{2\pi\sqrt{LC}}$ [Hz]

【問題16】　図のような交流回路において，電源電圧は 100 [V]，回路電流は 25 [A]，リアクタンスは 5 [Ω] である。この回路の抵抗 R の消費電力 [W] として，適切なものはどれか。

（1）100
（2）1500
（3）2000
（4）2500

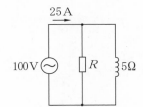

解説

❶　抵抗 R に流れる電流を I_R，5 Ω の誘導性リアクタンスに流れる電流を I_L とすると，

全電流 $I = \sqrt{I_R{}^2 + I_L{}^2} = \sqrt{I_R{}^2 + 20^2} = 25$ [A] ∴ $I_R = 15$ [A]

❷　抵抗　$R = \dfrac{E}{I_R} = \dfrac{100}{15} = \dfrac{20}{3}$ [Ω]

❸　回路消費電力　$P = RI_R{}^2 = \dfrac{20}{3}\times15^2 = 1500$ [W] 答 （2）

 Point ➡ 回路の消費電力　$P = RI_R{}^2$ [W]

第2節　電磁気学 ☆☆☆

【問題1】　図のように，真空中に，一直線上に等間隔 r [m] で，$4Q$ [C]，$-3Q$ [C]，Q [C] の点電荷があるとき，Q [C] の点電荷に働く静電力 F [N] を表す式として，正しいものはどれか。ただし，真空の誘電率をε_0 [F/m] とし，右向きの力を正とする。

(1) $F = \dfrac{Q^2}{4\pi\varepsilon_0 r}$ [N]

(2) $F = -\dfrac{Q^2}{4\pi\varepsilon_0 r}$ [N]

(3) $F = \dfrac{Q^2}{2\pi\varepsilon_0 r^2}$ [N]

(4) $F = -\dfrac{Q^2}{2\pi\varepsilon_0 r^2}$ [N]

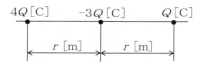

解説

$4Q$ [C] と Q [C] は同符号の電荷で，両者の間にはクーロン力として反発力 F_1が働く。また，$-3Q$ [C] と Q [C] は異符号の電荷で，両者の間には吸引力 F_2が働く。Q [C] の点電荷に働く力 F は，右向きの力を正とすると，$F = F_1 - F_2$ となる。

$$F = F_1 - F_2 = \frac{4Q \times Q}{4\pi\varepsilon_0(2r)^2} - \frac{3Q \times Q}{4\pi\varepsilon_0 r^2} = \frac{Q^2}{4\pi\varepsilon_0 r^2} - \frac{3Q^2}{4\pi\varepsilon_0 r^2}$$

$$= -\frac{2Q^2}{4\pi\varepsilon_0 r^2} = -\frac{Q^2}{2\pi\varepsilon_0 r^2} \text{ [N]} \qquad\qquad 答 \quad (4)$$

Point ➡ クーロン力→異符号は吸引力，同符号は反発力

【問題2】　**試験に出ました！**

図に示す電極板の面積 $S = 0.4$ [m²] の平行板コンデンサに，比誘電率 $\varepsilon_r = 3$ の誘電体があるとき，このコンデンサの静電容量として，正しいものはどれか。ただし，誘電体の厚さ $d = 4$ [mm]，真空の誘電率は ε_0 [F/m] とし，コンデンサの端効果は無視するものとする。

(1) $0.03\,\varepsilon_0$ [F]　　(2) $0.3\,\varepsilon_0$ [F]

(3) $100\,\varepsilon_0$ [F]　　(4) $300\,\varepsilon_0$ [F]

解説

誘電率 ε = 真空の誘電率 ε_0 × 比誘電率 ε_r = $3\varepsilon_0$ [F/m]

であるので，電極間隔 d [m]，電極板面積 S [m^2] の平行板コンデンサの静電容量 C は

$$C = \frac{\varepsilon S}{d} = \frac{3\varepsilon_0 \times 0.4}{0.004} = 300\,\varepsilon_0 \ [\text{F}]$$

答　（4）

Point ➡ 平行板コンデンサの静電容量 $C = \dfrac{\varepsilon S}{d}$ [F]

【問題3】　図Aの静電容量を C_A [F]，図Bの静電容量を C_B [F] とするとき，$\dfrac{C_A}{C_B}$ の値として，正しいものはどれか。

（1）$\dfrac{2}{9}$

（2）$\dfrac{1}{3}$

（3）$\dfrac{3}{2}$

（4）3

$2C$[F]

C[F]

図A

$2C$[F]　　C[F]

図B

解説

図Aはコンデンサの直列接続，図Bはコンデンサの並列接続であるので，それぞれの合成静電容量は，

❶　図Aの接続での合成静電容量 $C_A = \dfrac{2C \times C}{2C + C} = \dfrac{2}{3}C$ [F]

❷　図Bの接続での合成静電容量 $C_B = 2C + C = 3C$ [F]

$$\therefore \frac{C_A}{C_B} = \frac{\frac{2}{3}C}{3C} = \frac{2}{9}$$

答　（1）

Point ➡ 合成静電容量の求め方→（直列）$\dfrac{積}{和}$　（並列）和

22

【問題4】 図に示す直列に接続されたコンデンサに蓄えられる総電荷量が 8 ［μC］のとき，コンデンサ C_2 の静電容量として，適切なものはどれか。ただし，電源電圧 V は 6 ［V］，コンデンサ C_1 の静電容量は 2 ［μF］とする。

(1) 2 ［μF］
(2) 4 ［μF］
(3) 6 ［μF］
(4) 8 ［μF］

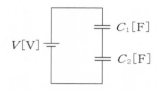

解説

コンデンサの直列回路では，蓄えられる電荷は C_1，C_2 とも同じである。この蓄えられる電荷を Q ［μC］とすると，コンデンサ C_1 の端子電圧 V_1 は，

$$V_1 = \frac{Q}{C_1} = \frac{8\ [\mu C]}{2\ [\mu F]} = 4\ [V]$$

であるので，コンデンサ C_2 の端子電圧 V_2 は，

$$V_2 = V - V_1 = 6 - 4 = 2\ [V]$$

となる。したがって，静電容量 C_2 は，

$$C_2 = \frac{Q}{V_2} = \frac{8\ [\mu C]}{2\ [V]} = 4\ [\mu F] \qquad 答 （2）$$

 Point ➡ 直列コンデンサ→コンデンサの電荷は同じ値

【問題5】 図のように磁極間に置いた導体に電流を流したとき，導体に働く力の方向として，正しいものはどれか。

(1) a
(2) b
(3) c
(4) d

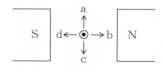

解説

フレミングの左手の法則を適用すると，導体に働く力は c 方向であることが分かる。

❶ 中指：電流
❷ 人差し指：磁界
❸ 親指：力

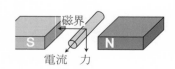

答 （3）

Point ➡ フレミングの左手の法則→電流，磁界，力

【問題6】 十分に長い平行直線導体Ａ，Ｂに図に示す方向に電流を流したとき，導体Ａに流れる電流が導体Ｂの位置に作る磁界の方向と，導体Ｂに働く力の方向の組合せとして，適当なものはどれか。

	磁界の方向	力の方向
（1）	a	ア
（2）	b	ア
（3）	a	イ
（4）	b	イ

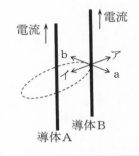

解説

導体Ａに流れる電流が導体Ｂの位置に作る磁界の方向は，アンペアの右ねじの法則より⊗方向（bの方向）である。

また，導体Ｂに流れる電流と導体Ａに流れる電流が導体Ｂの位置に作った⊗方向（bの方向）の磁界によって導体Ｂに働く力Ｆは，フレミングの左手の法則を適用するとイの方向の吸引力となる。

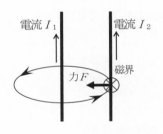

答　（4）

Point ➡ フレミングの左手の法則→電流・磁界・力は直角

【問題7】 図のように，円形コイルに磁束を加えるときの起電力に関する記述として，**不適当な**ものはどれか。

（1）円形コイルと鎖交しない磁束は，起電力の発生に関与しない。

（2）磁束が増加したとき，アの方向に電流を流す起電力が発生する。

（3）円形コイルの巻数を増やすと，起電力は大きくなる。

（4）加えている磁束を時間に正比例して増加させると，起電力も増加する。

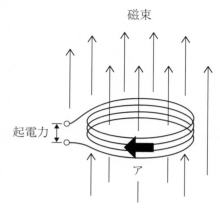

磁束

起電力

ア

解説

ファラデーの電磁誘導の法則に関する問題である。巻数 N のコイルの内部に時間 Δt [s] 間に磁束が $\Delta \Phi$ [Wb] だけ増加すると，コイルに生じる起電力 e は，

$$e = -N \frac{\Delta \Phi}{\Delta t} \ [\mathrm{V}]$$

であるが，磁束を時間に正比例して増加させると，磁束の時間変化率（$\Delta \Phi / \Delta t$）は一定になるので，起電力は一定となる。　　　　　　　　答　（4）

（Point） ➡ 電磁誘導の法則→起電力は（$\Delta \Phi / \Delta t$）に比例する

【問題8】 強磁性体に該当する物質として，**適当な**ものはどれか。

（1）ニッケル

（2）アルミニウム

（3）銀

（4）銅

解説

強磁性体は，永久磁石の材料となるもので，**鉄，ニッケル，コバルト**などが該当する。銀，銅，アルミニウムは導電材料である。　　　　　　　　答　（1）

Point ➡ 強磁性体→鉄，ニッケル，コバルト

【問題9】 図のア，イは材質の異なる磁性体のヒステリシス曲線を示したものである。両者を比較した記述として，不適当なものはどれか。ただし，磁性体の形状および体積ならびに交番磁界の周波数は同じとする。

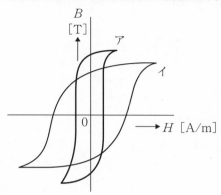

（1）アの方が保磁力は大きい。

（2）イの方が最大磁束密度は小さい。

（3）アの方が残留磁気は大きい。

（4）イの方がヒステリシス損は大きい。

解説

ヒステリシス曲線の最大磁束密度，保磁力，残留磁気は下図に示すとおりで，ヒステリシス損はループの面積に比例する。

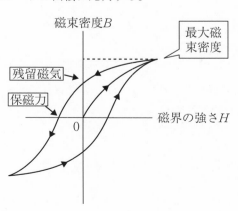

答　（1）

ヒステリシス曲線はB－H曲線ともいう

面積の小さいアは変圧器などの鉄心に適しているよ！

面積の大きいイは永久磁石に適しているよ！

【問題10】　試験に出ました！

下図に示す平均磁路長 $\ell = 50$ [cm]，断面積 $S = 10$ [cm²]，比透磁率 $\mu_r = 500$ の環状鉄心に巻数 $N_1 = 500$，$N_2 = 200$ のコイルがあるとき，両コイルの相互インダクタンス M [mH] の値として，適当なものはどれか。ただし，真空の透磁率 $\mu_0 = 1.2 \times 10^{-6}$ [H/m] とし，磁束の漏れはないものとする。

（1）3.0×10^{-3} [mH]

（2）2.4×10^{-1} [mH]

（3）1.2×10^2 [mH]

（4）1.2×10^4 [mH]

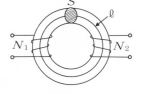

解説

巻数 N_1 および N_2 のコイルの自己インダクタンスを，それぞれ L_1，L_2 とすると，

$$L_1 = \frac{\mu_0 \mu_r S N_1^2}{\ell} \text{ [H]} \qquad L_2 = \frac{\mu_0 \mu_r S N_2^2}{\ell} \text{ [H]}$$

両コイルの相互インダクタンス M は，$M = k\sqrt{L_1 L_2}$ で表されるが，磁束の漏れはないので，結合係数 k は1である。したがって，

$$M = \sqrt{L_1 L_2} = \sqrt{\frac{\mu_0 \mu_r S N_1^2}{\ell} \times \frac{\mu_0 \mu_r S N_2^2}{\ell}} = \frac{\mu_0 \mu_r S N_1 N_2}{\ell}$$

$$= \frac{(1.2 \times 10)^{-6} \times 500 \times (10 \times 10^{-4}) \times 500 \times 200}{0.5}$$

$$= 0.12 \text{ [H]} = 120 \text{ [mH]} = 1.2 \times 10^2 \text{ [mH]} \qquad 答　（3）$$

Point ➡ 相互インダクタンス$M = k\sqrt{L_1 L_2}$ [H]

【問題11】　電磁波に関する性質などについて，適当なものはどれか。

(1) 電磁波は，電界ベクトルと磁界ベクトルからなり，両者の向きは互いに垂直で位相差は $\pi/2$ [rad] である。

(2) 媒質の誘電率を ε [F/m]，透磁率を μ [H/m] とすると，電磁波の伝播速度 v は，$v = \sqrt{\dfrac{\mu}{\varepsilon}}$ [m/s] で表される。

(3) 電磁波は波であり，反射したり屈折したりするが，回折や干渉は起こさない。

(4) 電磁波は波であり，周波数を f [Hz]，波長を λ [m] とすると，伝播速度 v は $v = f\lambda$ [m/s] で表される。

解説

(1) 電磁波は，電界ベクトルと磁界ベクトルからなり，両者の向きは互いに垂直で位相差なく同相である。

(2) 電磁波の伝播速度 v は，$v = \dfrac{1}{\sqrt{\varepsilon\mu}}$ [m/s] で表される。

(3) 電磁波は波であり，反射，屈折，回折，干渉を起こす。

答　(4)

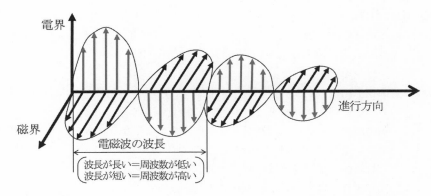

 Point ➡ 電磁波の伝播速度$v = f\lambda$ [m/s]

第2章 通信工学

第1節 通信方式 ☆☆☆

【問題1】 PCM伝送方式によって音声をサンプリング（標本化）して8ビットのデジタルデータに変換し，圧縮処理をしないで転送したところ，転送速度は 64,000 bit/s であった。このとき，サンプリング時間［μs］の値として，適当なものはどれか。

（1）15.6［μs］　（2）46.8［μs］　（3）125［μs］　（4）128［μs］

解説

1秒間あたりのサンプリング回数 N は，

$$N = \frac{64000}{8} = 8000 \ [回]$$

サンプリング周期を T とすると，

$$T = \frac{1}{N} = \frac{1}{8000} = 125 \times 10^{-6} \ [s] = 125 \ [μs] \qquad 答 （3）$$

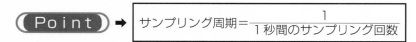

Point ➡ サンプリング周期＝$\dfrac{1}{1秒間のサンプリング回数}$

【問題2】 伝送路符号の特徴について述べた次の文章のうち，適切でないものはどれか。

（1）AMI符号は，0のときにゼロ，1のときに正値と負値を交互にとる符号である。通常のAMI符号は，1のとき，ビットスロットの前半は，レベルをゼロにする。

（2）両極NRZ符号は，1の場合は正値，0の場合は負値にする符号である。1や0が連続すると，レベルの変化がなくなるため，タイミング抽出が難しくなり，同期が外れるリスクが高くなる。

（3）マンチェスタ符号は，符号ビットのスロット中で，0の場合は正値から負値へ，1の場合は負値から正値へ変化させる。

（4）HDBn符号は，バイポーラ符号のビット列において，0が（n＋1）個連続したブロックを別のパターンに置き換える符号である。

解説

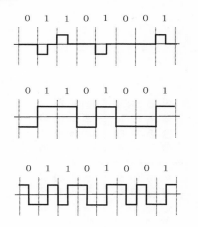

代表的な符号は，以下に示すとおりである。

❶ AMI 符号

❷両極 NRZ 符号

❸マンチェスタ符号

通常の AMI 符号は，1のとき，ビットスロットの後半は，レベルをゼロにする。

答　（1）

Point ➡ AMI符号→1のときビットスロットの後半はゼロ

【問題3】 **試験に出ました！**

デジタル変調の QAM 方式に関する記述として，適当でないものはどれか。

（1）16QAM は，直交している2つの4値の ASK 変調信号を合成して得ることができる。

（2）16QAM は，受信信号レベルが安定であれば 16PSK に比べ BER 特性が良好となる。

（3）64QAM の信号点間距離は，QPSK（4PSK）の1/7 となる。

（4）64QAM は，16QAM に比べ同程度の占有周波数帯幅で2倍の情報量を伝送できる。

解説

QAM は直交振幅変調で，位相が 90°ずれた2つの搬送波をそれぞれ振幅変調して合成する変調方式で，振幅変調（AM）と位相変調（PM）を組み合わせたもので，振幅と位相の両方を使って表現する。

16QAM では，1のシンボルで4ビット（2の4乗＝ **16通り**）の情報を伝

送できる。振幅の変化を 4 段階にすれば，信号点の数は 64 個になり，64QAM となる。

　この場合には，1 シンボルで 6 ビット（2 の 6 乗 = **64 通り**）の情報を伝送できる。すなわち，**64QAM は 16QAM に比べて 4 倍の情報量**を得ることができる。

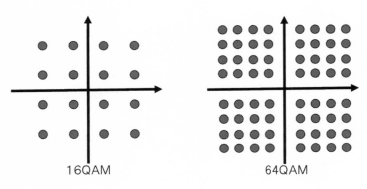

16QAM　　　　　　　64QAM

答　（4）

Ｐｏｉｎｔ ➡ 64QAM→16QAMに比べて情報量が 4 倍

【問題 4】　図は，アナログ信号をデジタル信号に変換して伝送し，受信側でアナログ信号に復号する方式をモデル化したものである。図中のＡおよびＢに入る，適切な語句の組合せはどれか。

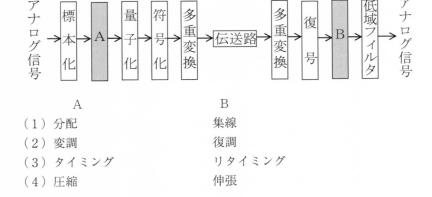

	A	B
（1）	分配	集線
（2）	変調	復調
（3）	タイミング	リタイミング
（4）	圧縮	伸張

解説

送信側では，データの実質的な性質を保ったままデータ量を減らす目的で圧縮が行われる。これによって，伝送路の帯域幅を削減できる。受信側では，利用する前にスムーズに再生するために伸張を行う。　　　　　　　　答　（4）

  **Point** ➡ （送信側）圧縮，（受信側）伸張

【問題5】 電子メールシステムで使用されるプロトコルである POP3 に関する記述として，最も適当なものはどれか。
- （1）PPP のリンク確立後に，利用者 ID とパスワードによって利用者を認証するときに使用するプロトコルである。
- （2）メールサーバ間でメールメッセージを交換するときに使用するプロトコルである。
- （3）メールサーバのメールボックスから電子メールを取り出すときに使用するプロトコルである。
- （4）利用者が電子メールを送るときに使用するプロトコルである。

解説

POP3（Post Office ProtocolVersion 3）は，メールサーバのメールボックスから電子メールを取り出すときに使用するプロトコルである。

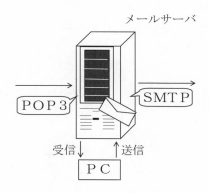

答　（3）

 Point ➡ POP3→メールボックスからメールを取り出す

【問題6】 通信プロトコルに関する以下の①～④の記述とそれらに対応する用語の組み合わせとして，最も適切なものはどれか。

①クライアントからサーバにメールを送信したり，サーバ間でメールを転送したりするために用いられる。

②ネットワークに接続する機器にIPアドレスなどを自動的に割り当てるために用いられる。

③ネットワークに接続されている機器の情報を収集し，監視や制御を行うために用いられる。

④ネットワークに接続されている機器の内部時計を協定世界時に同期するために用いられる。

（1） ①：IMAP ②：DHCP ③：PPP ④：NTP
（2） ①：IMAP ②：FTP ③：SNMP ④：SOAP
（3） ①：SMTP ②：DHCP ③：SNMP ④：NTP
（4） ①：SMTP ②：FTP ③：PPP ④：SOAP

解説

①のメール送信用のプロトコルは **SMTP**（Simple Mail Transfer Protocol）である。

②のIPアドレスの自動割り当てをするのは **DHCP**（Dynamic Host Configuration Protocol）である。

③のネットワーク監視を行うのは **SNMP**（Simple Network Management Protocol）である。

④のネットワーク上で時間を同期するのは **NTP**（Network Time Protocol）である。

答 （3）

Point ➡ DHCP→IPアドレスの自動割り当て

第2節 通信システム ☆☆☆

【問題1】 ADSL の特徴に関する記述として，適切なものはどれか。
（1）アナログ電話とデータ通信とで使用する周波数帯域を分けることによって，両者の同時利用を可能としている。
（2）スプリッタを用いてアナログ電話と PC を同時利用する場合には，PC だけの単独利用に比べ，通信速度が低下する。
（3）上り（利用者から電話局への方向）と下りの通信速度が異なり，上りのデータ量が多い通信アプリケーションに適している。
（4）複数の 64k ビット／秒のチャネルを束ねて伝送に用いることによって，高速通信を実現している。

解説

（2）アナログ電話と PC を同時利用，PC だけの単独利用にかかわらず，アナログ電話と PC では使用する周波数帯域が異なるので，通信速度の影響はない。
（3）上り方向よりも下り方向の帯域幅が広くとってあり，上りと下りの通信速度が非対称（Asymmetric）で，下りのデータ量が多い通信アプリケーションに適している。
（4）複数の 64k ビット／秒のチャネルを束ねて伝送に用いることによって，高速通信を実現しているのは，ADSL でなく ISDN である。

答 （1）

Point ➡ ADSL→アナログ電話とデータ通信では異なる周波数

非対称とは，上りと下りの
通信速度が異なることだ！

34

【問題2】 日本国内の無線通信で，割り当てられた周波数帯が重複しているものはどれか。

(1) Bluetooth と GPS
(2) Bluetooth と IEEE802.11 無線 LAN
(3) GPS と第3世代携帯電話
(4) IEEE802.11 無線 LAN と第3世代携帯電話

解説

それぞれの無線通信が使用する周波数帯は下表のとおりであり，Bluetooth と IEEE802.11 無線 LAN は周波数帯が重複している。

通信技術	周波数帯
Bluetooth	2.4GHz 帯
GPS	1.2GHz/1.5GHz 帯
IEEE802.11 無線 LAN	2.4GHz/5GHz 帯
第3世代携帯電話	2GHz 帯/800MHz 帯

答　(2)

Point → BluetoothとIEEE802.11 無線LAN：周波数帯が重複

第3節　ネットワーク ☆☆☆

【問題1】 LAN（企業内通信網）に関する記述のうち，適当でないものはどれか。

（1）ネットワークの形状は，バス型，リング型，スター型に大別される。

（2）リング型は幹線として使用されるもので，伝送媒体には主として光ケーブルや同軸ケーブルが用いられる。

（3）バス型はアクセスの方式として，CSMA/CD 方式が用いられ，伝送媒体には同軸ケーブルが用いられる。

（4）ツイストペアケーブルは，伝送速度が高く，雑音を受けにくいので，伝送距離の長い場合に用いられる。

解説

ツイストペアケーブルは，光ケーブルに比べて伝送速度が低く，UTP タイプでは雑音を受けやすい（STP タイプは UTP タイプに比べてシールドされているので雑音は受けにくい）。　　　　　　　　　　　　　　　答　（4）

Point ➡ ツイストペアケーブル→光ケーブルより低伝送速度

【問題2】 CSMA/CD 方式の LAN に接続されたノードの送信動作として，適切なものはどれか。

（1）各ノードに論理的な順位付けを行い，送信権を順次受け渡し，これを受け取ったノードだけが送信を行う。

（2）各ノードは伝送媒体が使用中かどうかを調べ，使用中でなければ送信を行う。衝突を検出したらランダムな時間経過後に再度送信を行う。

（3）各ノードを環状に接続して，送信権を制御するための特殊なフレームを巡回させ，これを受け取ったノードだけが送信を行う。

（4）タイムスロットを割り当てられたノードだけが送信を行う。

解説

CSMA/CD（Carrier Sense Multiple Access with Collision Detection）方式は，搬送波感知多重アクセス/衝突検出方式である。CSMA/CD 方式では，各ノードは伝送媒体が他のクライアントによって使用されていないかどうかを調べ，使用中でなければ自身の送信を行う。複数の通信が同時に行われた場合には，衝突を検出したら送信を中止し，ランダムな時間経過後に再度送信を行う。

（1）は優先度制御方式，（3）はトークンパッシング方式，（4）はTDMA
方式である。　　　　　　　　　　　　　　　　　　　　　　　答　（2）

（Point）➡ CSMA/CDは有線LAN，CSMA/CAは無線LANに適用

【問題3】 LAN（ローカルエリアネットワーク）に関する記述のうち，不
適当なものはどれか。

（1）10BASE-T の伝送媒体は，同軸ケーブルである。

（2）10BASE-5 の理論的トポロジーは，バス型である。

（3）トークンリングの伝送方式は，ベースバンドである。

（4）FDDI の伝送速度は，100 Mbps である。

解説

10BASE-T の伝送媒体は，ツイストペアケーブルである。同軸ケーブルが用
いられるのは，10BASE-5 と 10BASE-2 である。　　　　　　　　答　（1）

（Point）➡ 10BASE-T→ツイストペアケーブル

【問題4】 インターネットで使われるプロトコルである TCP および IP
と，OSI 基本参照モデルの 7 階層との関係を適切に表しているものはどれ
か。

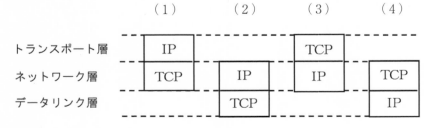

解説

❶ TCP は，TCP/IP（Transmission Control Protocol /Internet Protocol）の
ネットワークにおいて，送達管理，伝送管理などの機能を持つコネクション
型プロトコルである。

❷ IP は，ネットワーク層である。　　　　　　　　　　　　　答　（3）

	OSI基本参照モデル		TCP/IP階層モデル
7層	アプリケーション層		アプリケーション層
6層	プレゼンテーション層		
5層	セッション層		
4層	トランスポート層		トランスポート層
3層	ネットワーク層		インターネット層
2層	データリンク層		ネットワーク
1層	物理層		インタフェース層

Point ➡ TCP：トランスポート層，IP：ネットワーク層

第1編
電気通信工学

【問題5】　図のような IP ネットワークの LAN 環境で，ホストAからホストBにパケットを送信する。LAN1 において，パケット内のイーサネットフレームの宛先と IP データグラムの宛先の組合せとして，適切なものはどれか。ここで，図中の MACn/IPm はホストまたはルータがもつインタフェースの MAC アドレスと IP アドレスを示す。

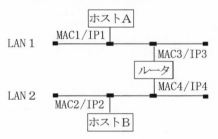

	イーサネットフレームの宛先	IP データグラムの宛先
(1)	MAC2	IP2
(2)	MAC2	IP3
(3)	MAC3	IP2
(4)	MAC3	IP3

38

解説

ホストAは，ルータを経由してホストBにパケットを届けるので，パケット内のイーサネットフレームの宛先とIPデータグラムの宛先の組合せは下図のようになる。　　　　　　　　　　　　　　　　　　　　　　　答（3）

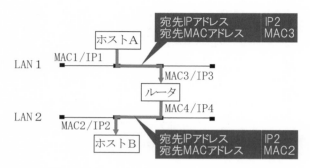

 Point → パケット内の宛先→宛先IPアドレスは変わらない

【問題6】　OSI参照モデルにおけるセッション層（第5層）の機能に関する記述として，適切なものはどれか。

(1) 信頼性のあるデータ伝送を行い，上位の層を物理的な伝送媒体に関わる問題から切り離す。

(2) 全二重通信または半二重通信の違いなどによって，データを送受信できるタイミングを制御する。

(3) データ転送が適切なサービス品質で行われているかどうかを監視し，サービス品質が維持されていない場合はユーザへ通知する。

(4) ネットワークコネクションを設定・保持・解放するとともに，このコネクションを介してデータ伝送を行う。

解説

(1) は**物理層（第1層）**，(3) は**トランスポート層（第4層）**，(4) は**ネットワーク層（第3層）**についての説明である。　　　　　　答（2）

 Point → セッション層（第5層）→会話単位の制御

【問題7】　1000BASE-T のケーブルに関する制約として，適切なものはどれか。

（1）カテゴリ 5 またはそれ以上の UTP ケーブルを使用する。

（2）短波長レーザ光を使用したマルチモード光ケーブルを使用する。

（3）長波長レーザ光を使用したシングルモード光ケーブルを使用する。

（4）同軸ケーブルを使用する。

[解説]

1000BASE-T は，カテゴリ 5 以上の UTP ケーブルを使用して，100 m 以内のケーブル長で，最大伝送速度 1000 Mbps（1 Gbps）の通信を行う規格である。1000 Mbps を実現するため，UTP ケーブルの 4 対 8 線のより対線の対ごとに250 Mbps の伝送速度を持たせている。

（2）は 1000BASE-SX，（3）は 1000BASE-LX，（4）は 10BASE2，10BASE5および 1000BASE-CX である。　　　　　　　　　　　　　　　　答　（1）

(P o i n t) → 1000BSE-T→カテゴリ 5 以上の UTP ケーブル

【問題8】　IPv4 にはなく，IPv6 で追加・変更された仕様として，適当なものはどれか。

（1）アドレス空間として 128 ビットを割り当てた。

（2）サブネットマスクの導入によって，アドレス空間の有効利用を図った。

（3）ネットワークアドレスとサブネットマスクの対によって IP アドレスを表現した。

（4）プライベートアドレスの導入によって，IP アドレスの有効利用を図った。

[解説]

IPv4 のアドレス空間は 32 ビットであるが，アドレスの枯渇問題を解消する手段として策定されたのが IPv6 である。IPv6 では，アドレス空間を 32 ビットから 128 ビットに拡大している。そのほか，IPv4 から IPv6 への変更点は次のものがある。

❶　ヘッダのサイズを可変長から固定に変更している。

❷　IP アドレスの自動設定を行う。

❸　IPsec による IP 層でのセキュリティ強化が行われている。

（2），（3），（4）は IPv4 でも実装されている。　　　　　　　　答　（1）

 → アドレス空間：IPv4（32ビット）　IPv6（128ビット）

【問題9】　構内情報通信網（LAN）に関する記述として，最も不適当なものはどれか。

(1) ネットワークトポロジーには，スター型，バス型，リング型などがある。

(2) ファイアウォールは，不正なアクセスを遮断し内部のネットワークの安全を維持する。

(3) レイヤ2スイッチは，ネットワーク層でのルーティング機能を搭載した伝送装置である。

(4) VLAN機能は，スイッチと端末の物理的な接続形態によらず，論理的に複数の端末をグループ化するものである。

解説

レイヤ2スイッチは，MACアドレスを読み取り，その端末が接続されているポートだけを相互接続するものである。**レイヤ2の名のとおり，データリンク層の働きをする。レイヤ3スイッチは，ネットワーク層でのルーティング機能を搭載**した伝送装置である。なお，（4）のVLANはVirtual LANの略で，物理的な接続形態とは独立して，仮想的なLANセグメントを作る技術である。　　　　　　　　　　　　　　　　　　　　　　　　答　（3）

 → （レイヤ2）＝データリンク層

【問題10】　TCP/IPのプロトコル階層モデルの特徴に関する記述として，不適切なものはどれか。

(1) 最下位の層はネットワークインターフェイス層で，OSI参照モデルの物理層とデータリンク層の機能を担っている。

(2) インターフェイス層は，IPパケットを転送するプロトコルが用いられており，インターネット層は，OSI参照モデルのネットワーク層の役割がある。

(3) トランスポート層の代表的なプロトコルにTCPとUDPがある。UDPはコネクションレス型で，TCPと比較して信頼性が高い。

(4) アプリケーション層は，OSI参照モデルのセッション層，プレゼン

テーション層，アプリケーション層の3つの役割がある。

解説

UDP（User Datagram Protocol）はコネクションレス型のプロトコルであるのに対し，TCP（Transmission Control Protocol）はコネクション型のプロトコルであるためコネクションの確立や切断の機能があり信頼性が高い。

答　（3）

 Point ➡ プロトコルの信頼性→TCP＞UDP

【問題11】　LAN を構成する機器に関する記述として，不適切なものはどれか。
　（1）リピータは，伝送信号を再生および中継し，伝送距離を延長する。
　（2）レイヤ2スイッチは，MAC アドレスを読み取り，その端末が接続されているポートだけを相互接続する。
　（3）ルータは，IP アドレスを読み取り，経路を選択してネットワーク間を接続する。
　（4）ブリッジは，不正なアクセスを遮断し，内部のネットワークの安全を維持する。

解説

❶不正なアクセスを遮断し，内部のネットワークの安全を維持するのは，ファイアウォールである。❷ブリッジは，複数の LAN を接続して，通信データに添えられたアドレス番号を識別して LAN 間を渡るデータ送信を管理する。これによって，接続された複数の LAN は1つのセグメントと見なされる。

答　（4）

 Point ➡ ブリッジ→LANセグメントを相互接続

【問題12】　次の文章に該当する構内情報通信網（LAN）を構成する機器として，最も適当なものはどれか。
　「UTP ケーブルと光ファイバケーブル間での変換を主たる機能とする装置」
　（1）メディアコンバータ
　（2）スイッチングハブ
　（3）リピータハブ

（4）ルータ

解説

メディアコンバータ（MC）は，異なる伝送媒体を伝わってきた信号を，相互に変換する装置である。　　　　　　　　　　　　　　　　　　答　（1）

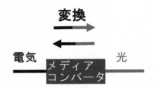

(**Point**) ➡ メディアコンバータ→異なる伝送媒体間の変換機能

第3章．情報工学

第1節　情報理論　☆☆☆

【問題1】　10進数の演算式 7 ÷ 32 の結果を2進数で表したものとして，適切なものはどれか。

（1）0.001011

（2）0.001101

（3）0.00111

（4）0.0111

解説

$$\frac{7}{32} = \frac{4}{32} + \frac{2}{32} + \frac{1}{32} = \frac{1}{8} + \frac{1}{16} + \frac{1}{32} = \frac{1}{2^3} + \frac{1}{2^4} + \frac{1}{2^5} \rightarrow 2進数では（0.00111）$$

答　（3）

 Point → 10進数の 2^{-3} → 2進数では0.001

【問題2】　データベースの論理的構造を規定した論理データモデルのうち，関係型モデルの説明として適切なものはどれか。

（1）データとデータの処理方法を，ひとまとめにしたオブジェクトとして表現する。

（2）データ同士の関係を網の目のようにつながった状態で表現する。

（3）データ同士の関係を木構造で表現する。

（4）データの集まりを表形式で表現する。

解説

（1）はオブジェクト指向におけるクラス，（2）はネットワーク型モデル，（3）は階層型モデルについて説明したものである。　　　　　答　（4）

 Point → 関係型モデル→データの集まりを表形式で表現

【問題3】 表は，文字A〜Eを符号化したときのビット表記と，それぞれの文字の出現確率を表したものである。1文字当たりの平均ビット数として，適切なものはどれか。

文字	ビット表記	出現確率（％）
A	0	50
B	10	30
C	110	10
D	1110	5
E	1111	5

（1）1.6　　（2）1.8　　（3）2.5　　（4）2.8

解説

ハフマン方式は，情報の出現確率の高いデータは短い符号に，低いデータは長い符号にすることで圧縮を効率よく行う。本問はハフマン符号に関する問題である。

1文字当たりの平均ビット数
＝（各文字を表すビット数×各文字の出現確率）の総和であるので，

A → 1ビット × 0.5 ＝ 0.5ビット
B → 2ビット × 0.3 ＝ 0.6ビット
C → 3ビット × 0.1 ＝ 0.3ビット
D → 4ビット × 0.05 ＝ 0.2ビット
E → 4ビット × 0.05 ＝ 0.2ビット

→ 0.5 + 0.6 + 0.3 + 0.2 + 0.2
＝ 1.8ビット

答　（2）

Point → ハフマン符号化→平均ビット数を少なくして圧縮

ハフマン方式は符号の長さを変えるよ！

【問題4】　コンピュータで使われている文字符号の説明のうち，適切なものはどれか。

（1）ASCII 符号はアルファベット，数字，特殊文字および制御文字からなり，漢字に関する規定はない。

（2）EUC は文字符号の世界標準を作成しようとして考案された 16 ビット以上の符号体系であり，漢字に関する規定はない。

（3）Unicode は文字の 1 バイト目で漢字かどうかが分かるようにする目的で制定され，漢字を ASCII 符号と混在可能とした符号体系である。

（4）シフト JIS 符号は UNIX における多言語対応の一環として制定され，ISO として標準化されている。

解説

（2）は Unicode，（3）はシフト JIS，（4）は EUC の説明である。

答　（1）

 （Point）➡ ASCIIコード→2進数7桁で表現できる128種類

ＡＳＣＩＩコードはコンピュータの基本の文字コードだよ！

46

第2節 コンピュータ ☆☆☆

【問題1】 プログラムの実行方式としてインタプリタ方式とコンパイラ方式がある。図は，データを入力して結果を出力するプログラムの，それぞれの方式でのプログラムの実行の様子を示したものである。a，bに入れる字句の組合せとして，適切なものはどれか。

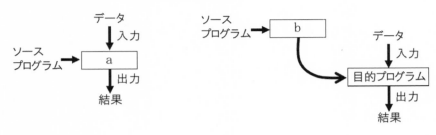

	a	b
（1）	インタプリタ	インタプリタ
（2）	インタプリタ	コンパイラ
（3）	コンパイラ	インタプリタ
（4）	コンパイラ	コンパイラ

解説

❶**インタプリタ**は，プログラミング言語で書かれたソースプログラムの入力を受け，自身が処理を実行する。

❷**コンパイラ**は，ソースプログラムの入力を受けて目的プログラム（オブジェクトプログラム）を出力し，実際の処理はその目的プログラムが行う。

答 （2）

Point → プログラムの実行方式→インタプリタ，コンパイラ

【問題2】 **試験に出ました！**
マイクロプロセッサーの誤動作原因として，適当でないものはどれか。

- （1）量子化雑音
- （2）中性子やアルファ線
- （3）静電気放電
- （4）雷等による電源ノイズ

解説

量子化雑音とは，アナログからデジタルへ変換するA/D変換の際，その分解

能のために，完全にデジタル化できず生じたノイズ成分のことである。量子化
雑音は，マイクロプロセッサーの誤動作原因とはならない。　　　答　（1）

Point ➡ 量子化雑音→A/D変換の分解能のノイズ成分

【問題3】　SRAM の記憶セルに使用され，2つの安定状態をもつ回路であ
り，順序回路の基本構成要素となるものは，次のうちどれか。
（1）論理積（AND）ゲート
（2）加算器
（3）乗算器
（4）フリップフロップ

解説

フリップフロップはSとR（セットとリセット）の2つの安定した回路をも
ち，これによって0と1の状態を記憶・保持できる。　　　　　答　（4）

種類		用途	揮発性	書き換え可否
RAM	SRAM	レジスタ，キャッシュの情報を格納	揮発性	可
	DRAM	主メモリとして使用		
	バックアップRAM	外部電源で情報を保持させる		
ROM	EEPROM	外部電源がなくても情報を保持でき，書き込み回数に制限あり	不揮発性	
	フラッシュメモリ	大量のデータを格納		
	マスクROM	プログラム，データを格納		不可

Point ➡ フリップフロップ→0と1の状態を記憶・保持

【問題4】 **試験に出ました！**

XML 文書に関する記述として，適当なものはどれか。

(1) 前書きに記述できる内容は，XML 宣言，空白，コメント，および処理命令であり，XML 文書ではこの前書き部分を省略することはできない。

(2) ルート要素は XML 文書の最初に出てくる要素であり，全ての XML 文書に存在するが，テキストだけが含まれる要素である。

(3) 正しい XML 文書であるためには，整形式（well-formed）である必要があるが，整形式の XML 文書には複数のルート要素が含まれることがある。

(4) 妥当な（valid）XML 文書を作成するには，文書の構造や内容を記述した文法である文書型宣言を前書き部分に含める必要がある。

解説

XML（Extensible Markup Language）は，HTML（Hyper Text Markup Language）と同様に文章を構成するために用いるマークアップ言語の一つである。タグと呼ばれる識別子を使いデータの構成要素と意味をユーザが決められる。

(1) XML 文書は前書きと文書インスタンスの二つの重要な部分に分けることができる。さらに，前書きは XML 宣言と文書型宣言に分かれる。前書きは省略できるが文書インスタンスは省略できない。

(2) XML は主に，❶要素，❷属性，❸テキストの3種類の情報で構成される。ルート要素は XML 文書の最初に出てくる要素である。

(3) 1つの文書内でルート要素は1個のみでなければならない。

図　整形式文書と妥当な文書の関係　　　　　答　（4）

(Point) ➡ XML→マークアップ言語の一つ

【問題5】　下図のフローチャートに従って作成したプログラムを実行したとき，印字されるＡ，Ｂの値として，適切な組み合わせはどれか。

	A	B
（1）	43	288
（2）	720	26
（3）	43	26
（4）	720	677

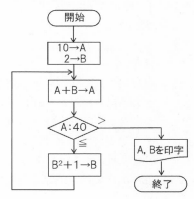

解説

❶　1回目は，Ａ＋Ｂ→Ａの部分は，Ｂ＝2，Ａ＝10＋Ｂ＝12であるので，Ａ＝12≦40である。B^2+1→Ｂの部分は，Ｂ＝2^2+1＝5である。

❷　2回目は，Ａ＋Ｂ→Ａの部分は，Ｂ＝5，Ａ＝12＋5＝17であるので，Ａ＝17≦40である。B^2+1→Ｂの部分は，Ｂ＝5^2+1＝26である。

❸　3回目は，Ａ＋Ｂ→Ａの部分は，Ｂ＝26，Ａ＝17＋26＝43であるので，Ａ＝43＞40である。したがって，**Ａ＝43，Ｂ＝26が印字される**。

答　（3）

Point ➡ A：40→Aは40に比べて大きいか小さいか判断

第3節　セキュリティ ☆☆☆

【問題1】　SSL に関する記述のうち，適切なものはどれか。

（1）SSL で使用する個人認証用のデジタル証明書は，IC カードや USB デバイスに格納できるので，格納場所を特定のパソコンに限定する必要はない。

（2）SSL は特定ユーザ間の通信のために開発されたプロトコルであり，事前の利用者登録が不可欠である。

（3）デジタル証明書には IP アドレスが組み込まれているので，SSL を利用する Web サーバの IP アドレスを変更する場合は，デジタル証明書を再度取得する必要がある。

（4）日本国内では，SSL で使用する共通鍵の長さは，128 ビット未満に制限されている。

解説

SSL（Secure Sockets Layer）は，暗号化と認証の両方の機能を利用して，サーバとクライアント間で安全な通信を実現するためのプロトコルである。

（2）SSL は，Web ブラウザに標準装備されているので利用者登録は不要である。

（3）デジタル証明書と IP アドレスには，直接的な関係はない。

（4）SSL で使用する共通鍵の長さは，世界共通である。　　　　答　（1）

保護対象

アプリケーション層	アプリケーション層
トランスポート層	SSL/TLS
	トランスポート層
IPsec	ネットワーク層（IP 層）
ネットワーク層（IP 層）	
データリンク層	データリンク層
物理層	物理層
IPsec	SSL/TLS

Point ➡ SSL→VPNのセキュリティプロトコル

【問題2】　ある Web サイトから ID とパスワードが漏えいし，その Web サイトの利用者が別の Web サイトで，パスワードリスト攻撃の被害に遭ってしまった。このとき，Web サイトで使用していた ID とパスワードに関する問題点と思われる記述はどれか。

（1）ID とパスワードを暗号化されていない通信を使ってやり取りしていた。

（2）同じ ID と同じパスワードを設定していた。

（3）種類が少ない文字を組み合わせたパスワードを設定していた。

（4）短いパスワードを設定していた。

解説

パスワードリスト攻撃は，あるサイトへの攻撃で得られた ID とパスワードを用いて，別サイトへの不正ログインを試みる攻撃である。この攻撃は，複数のサイトで同様の ID・パスワードを設定している利用者が多いという傾向を悪用したものである。　　　　　　　　　　　　　　　　　答　（2）

Point ➡ パスワードリスト攻撃→同じIDとパスワード設定

【問題3】　不正アクセス禁止法において，不正アクセス行為に該当するものはどれか。

（1）会社の重要情報にアクセスし得る者が株式発行の決定を知り，情報の公表前に当該会社の株を売買した。

（2）コンピュータウイルスを作成し，他人のコンピュータの画面表示をでたらめにする被害をもたらした。

（3）自分自身で管理運営するホームページに，昨日の新聞に載った報道写真を新聞社に無断で掲載した。

（4）他人の利用者 ID，パスワードを許可なく利用して，アクセス制御機能によって制限されている Web サイトにアクセスした。

解説

（1）は**インサイダー取引**，（2）は**電子計算機損壊等業務妨害罪**に該当，（3）は**著作権の侵害**に当たる。　　　　　　　　　　　　　　　　　答　（4）

Point ➡ アクセス権のない者によるアクセスは禁止

第4章.電子工学

第1節　デバイス・電子回路　☆☆☆

【問題1】　試験に出ました！

半導体に関する記述として，適当でないものはどれか。

(1) シリコンの真性半導体にヒ素などのドナーを混入した n 形半導体では，自由電子の数が正孔の数より多くなる。

(2) 半導体の電気伝導度は，真性半導体に添加されるドナーやアクセプタとなる不純物の濃度に依存する。

(3) 逆方向電圧を加えた pn ダイオードでは，空乏層の領域で正孔と自由電子が結合しにくい状態となり，空乏層が狭くなる。

(4) ガリウムヒ素を用いた化合物半導体では，半導体材料中を移動する電子の速度がシリコン半導体より速くなり，電子回路の高速動作が可能になる。

解説

逆方向電圧を加えた pn ダイオードでは，空乏層の領域で正孔と自由電子が結合しにくい状態となり，空乏層が広くなってキャリアが移動できなくなる。このため，電流は流れない。

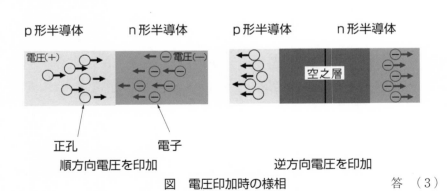

p形半導体　　　n形半導体　　　　p形半導体　　　　n形半導体

正孔　　　　　電子

順方向電圧を印加　　　　　　　逆方向電圧を印加

図　電圧印加時の様相　　　　　　答　（3）

Point　→　pnダイオード→逆方向電圧では空乏層は拡大

【問題2】 下図に示すダイオードを用いた波形整形回路に正弦波を入力した場合の出力波形として，適当なものはどれか。

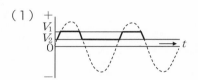

（1）

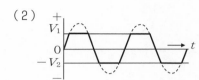

（2）

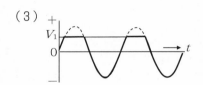

（3）

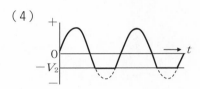

（4）

解説

（1）入力波形の一部を薄く切り取るように機能する**スライサ回路**である。

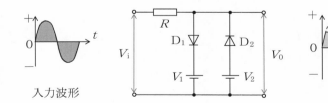

入力波形 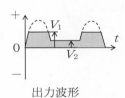 出力波形

❶ $V_i > V_1$	❷ $V_2 \leqq V_i \leqq V_1$	❸ $V_i < V_2$
D_2：遮断，D_1：導通	D_2：遮断，D_1：遮断	D_2：導通，D_1：遮断
→ $V_1 = V_0$	→ $V_i = V_0$	→ $V_2 = V_0$

（2）入力波形の振幅を制限するような機能をもつ**リミッタ回路**である。

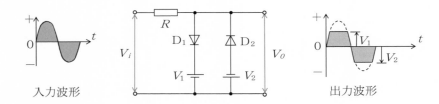

入力波形　　　　　　　　　　　　　　　　　　　　出力波形

（3）波形の上の部分を切り取って，残りを出力する機能を持つ**ピーククリッパ回路**である。

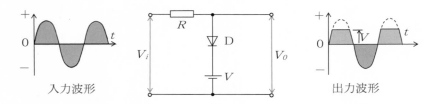

入力波形　　　　　　　　　　　　　　　　　　　　出力波形

（4）波形の底の部分を切り取って，残りを出力する機能を持つ**ベースクリッパ回路**である。

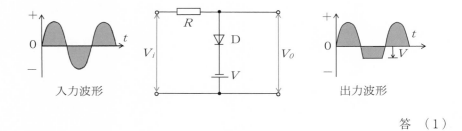

入力波形　　　　　　　　　　　　　　　　　　　　出力波形

答　（1）

Point ➡ スライサ回路→入力波形の一部を薄く切り取る

【問題3】　図に示すサイリスタ（逆素子3端子サイリスタ）回路の出力電圧 v_o の波形として，得ることのできない波形はどれか。ただし，電源電圧 v は正弦波交流とする。

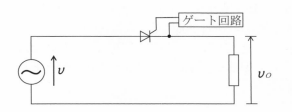

（1）

（2）

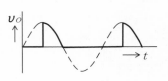

（3）

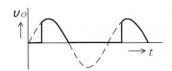

（4）

解説

図は，サイリスタ1個を用いた単相半波整流回路である。サイリスタでは，正の半波において制御角 α でゲートに信号が入ると導通する。しかし，負の半波では逆電圧が印加され導通しない。

（1）は制御角 $\alpha = 0°$ の波形，（2）は制御角 $0° < \alpha < 90°$ の波形，（3）は制御角 $\alpha = 90°$ の波形である。

答　（4）

Point → サイリスタ→正は α 以降導通，負半波は不導通

【問題4】　図1に示すトランジスタ増幅回路において，ベース-エミッタ間に正弦波の入力信号電圧 V_1 を加えたとき，コレクタ電流 I_C が図2のように変化した。I_C とコレクタ-エミッタ間の電圧 V_{CE} との関係が図3のように表されるとき，V_1 の振幅が50 [mV] であるとき，電圧増幅度の値として，適切なものはどれか。

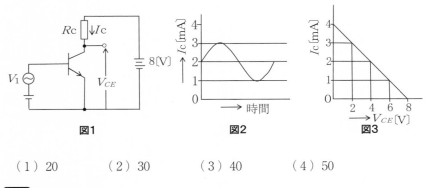

図1　　　　　　　　図2　　　　　　　　図3

　（1）20　　　　　（2）30　　　　　（3）40　　　　　（4）50

図2より I_C が2 [mA] に対して振幅が1 [mA] であるので，図3の縦軸の2 [mA] を中心に振幅 ±1 [mA] となるときの V_{CE} の値を読み取ると 4 ± 2 [V] であることが分かる。すなわち，V_{CE} の振幅は2 [V] である。

$$\therefore \quad 電圧増幅度 = \frac{V_{CE}\ の振幅}{V_1\ の振幅} = \frac{2\ [V]}{0.05\ [V]} = 40 \qquad 答\quad（3）$$

Point ➡ $電圧増幅度 = \dfrac{V_{CE}\ の振幅}{V_1\ の振幅}$

【問題5】　試験に出ました！

下図に示すエンハンスメント形 MOS-FET に関する記述として，適当でないものはどれか。

（1）ゲートに電圧を加えなくてもドレーン電流が流れる。

（2）ゲート電圧を大きくするとドレーン電流が増加する。

（3）ゲートにかける電圧が正の領域

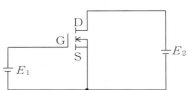

で動作する。

（4）ゲート電圧を加えるとゲート直下に反転層が形成される。

解説

MOS とは Metal（金属），Oxide（酸化物），Semiconductor（半導体）の略で，MOS－FET（Field Effect Transistor）は，電界効果トランジスタの1つである。このうちエンハンスメント形は，ゲートにプラスの電圧を加えるとドレーン（D）－ソース（S）間にドレーン電流が流れる。デプレッション形は，ゲートに電圧を与えなくてもドレーン電流が流れる。　　　　答　（1）

Point → ドレーン電流→ゲートに電圧を印加すると流れる

【問題6】　試験に出ました！

下図に示す論理回路の真理値表として，適当なものはどれか。

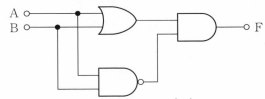

（1）

入力		出力
A	B	F
0	0	1
0	1	0
1	0	0
1	1	1

（2）

入力		出力
A	B	F
0	0	0
0	1	1
1	0	1
1	1	1

（3）

入力		出力
A	B	F
0	0	0
0	1	0
1	0	0
1	1	1

（4）

入力		出力
A	B	F
0	0	0
0	1	1
1	0	1
1	1	0

解説 ....

入力Ａ，Ｂに１が入力されると OR の出力は１になり，NAND（AND の出力に NOT が入る）の出力は０になる。したがって，AND の入力は１と０になるので AND の出力は０となる。これに合致する真理値表は（４）である。

答　（４）

(Point) ➡ 真理値表問題→入力ＡとＢに１と０を入れて順を追う

【問題７】 試験に出ました！

下図に示す論理回路において，出力Ｃの論理式として，適当なものはどれか。ただし，論理変数Ａ，Ｂに対して，Ａ＋Ｂは論理和を表し，Ａ・Ｂは論理積を表す。

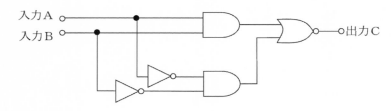

（１）Ａ　　（２）$\overline{A} \cdot B + A \cdot \overline{B}$　　（３）Ｂ　　（４）$A \cdot B + \overline{A} \cdot \overline{B}$

解説 ....

問題の図の論理回路に登場するのは AND 回路，NOT 回路，NOR 回路である。問題の図の真理値表と，選択肢（２）の真理値表を作成すると下表のように一致する。

表１　問題の図の真理値表

入力		出力
A	B	C
0	0	0
0	1	1
1	0	1
1	1	0

表２　選択肢（２）の真理値表

入力		出力
A	B	$\overline{A} \cdot B + A \cdot \overline{B}$
0	0	0
0	1	1
1	0	1
1	1	0

答　（２）

Point ➡ $\overline{A} \cdot B + A \cdot \overline{B}$は排他的論理和（ExOR）

【問題8】 次の回路図を論理式に置き換えたものとして，正しいものはどれか。

(1) $(A+\overline{B})+(\overline{A}+B) = Y$

(2) $(A+\overline{B}) \cdot (\overline{A}+B) = Y$

(3) $(A \cdot \overline{B})+(\overline{A} \cdot B) = Y$

(4) $(A \cdot \overline{B}) \cdot (\overline{A} \cdot B) = Y$

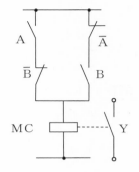

解説

左側は，A と $\overline{B}$ が直列接続であるので AND であり，$(A \cdot \overline{B})$ で表される。右側は，$\overline{A}$ と B が直列接続であるので AND であり，$(\overline{A} \cdot B)$ で表される。左側か右側のいずれかが，つまり $(A \cdot \overline{B})$ または $(\overline{A} \cdot B)$ が成立すると，コイルが（MC）励磁され，接点 Y が閉じる。したがって，$Y = (A \cdot \overline{B}) + (\overline{A} \cdot B)$ である。　　　　　　　　　　　　　　　　　　　　答　（3）

Point ➡ 論理回路の＜記号・はAND＞，＜記号＋はOR＞

【問題9】 AおよびBを入力，Cを出力とするとき，論理式C＝A・(A＋B)＋B・($\overline{A}+\overline{B}$)で示される論理回路として，正しいものはどれか。

(1) OR　　　(2) AND　　　(3) NOR　　　(4) NAND

解説

問題のブール代数で表された論理式を整理していくと，次のようになる。

$C = A \cdot (A+B) + B \cdot (\overline{A}+\overline{B}) = A \cdot A + A \cdot B + B \cdot \overline{A} + B \cdot \overline{B}$　←$\boxed{A \cdot A = A,\ B \cdot \overline{B} = 0}$

$= A + B \cdot (A + \overline{A})$　←$\boxed{A + \overline{A} = 1}$

$= A + B$　　　　　　　　　　　　　　　　　　　　　　　　答　（1）

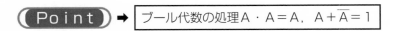 ブール代数の処理A・A＝A，A＋$\overline{A}$＝1

【問題10】 A，B，Cの3領域のうち，「AかつBであり，Cではない」範囲を塗りつぶしたベン図として適切なものはどれか。

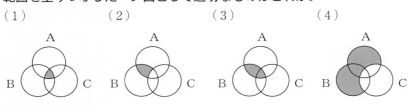

（1）　　　　　（2）　　　　　（3）　　　　　（4）

解説 ....

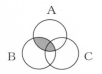

AかつBの範囲　　　Cでない範囲

2つの集合の共通部分は（2）の図　　　　　　　　　　　　答 （2）

 Point → ベン図→複数の集合の関係を視覚的に図示化

【問題11】 試験に出ました！

アナログ・デジタル（AD）変換に関する次の記述の _____ に当てはまる語句の組合せとして，適当なものはどれか。

「AD変換では，まずアナログ入力信号が ア され，その値が イ された後， ウ される。」

	（ア）	（イ）	（ウ）
（1）	量子化	標本化	符号化
（2）	量子化	符号化	標本化
（3）	標本化	符号化	量子化
（4）	標本化	量子化	符号化

解説

アナログ信号をデジタル信号に変換する PCM 方式に関する問題で，空白部を正しく埋めると，次のようになる。

「AD 変換では，まずアナログ入力信号が 標本化（サンプリング） され，その値が 量子化 された後，符号化 される。」

☆**標本化（サンプリング）**：振幅値を一定時間ごとに標本値として採取する。

☆**量子化**：標本値を数値化する。

☆**符号化**：数値を 2 進数に変換する。　　　　　　　　　　　　答　（4）

 Point ➡ A/D変換のプロセス：標本化→量子化→符号化

【問題 12】　図に示すハートレー発振回路の原理図で，コンデンサ C の値が 36 [%] 減少したときの発振周波数は元の何倍となるか。適切なものを選べ。

（1）0.82
（2）0.96
（3）1.25
（4）1.41

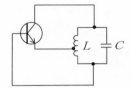

解説

発振周波数は $1/\sqrt{C}$ に比例するので，

$$\frac{\dfrac{1}{\sqrt{0.64\,C}}}{\dfrac{1}{\sqrt{C}}} = \frac{1}{0.8} = 1.25$$

答　（3）

 Point ➡ 発振周波数→$\dfrac{1}{\sqrt{LC}}$ に比例

【問題13】 下図に示す発振回路に関する次の記述のうち，誤っているものはどれか。

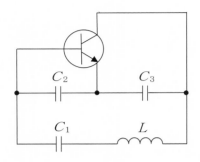

（1）この回路の発振周波数は L のみで決定される。

（2）この回路は，コルピッツ発振回路の変形である。

（3）この回路は，トランジスタの特性の変動の影響を受けにくく，周波数安定度がよい。

（4）C_1 のリアクタンスは，C_2，C_3 のリアクタンスに比べて非常に大きく設定する。

解説

この回路の発振周波数 f は，次式で表される。

$$f = \frac{1}{2\pi}\sqrt{\frac{1}{L}\left(\frac{1}{C_1}+\frac{1}{C_2}+\frac{1}{C_3}\right)} \quad \rightarrow \text{（4）の条件より} \quad f \fallingdotseq \frac{1}{2\pi\sqrt{LC_1}}$$

発振周波数は，L のみでなく，LC_1 によって決定さる。　　　　答　（1）

Point ➡ 発振周波数→ $1/\sqrt{LC_1}$ に比例

【問題14】 **試験に出ました！**

スーパヘテロダイン受信機において，受信周波数が 990 [kHz]，局部発振周波数が 1,445 [kHz] の場合，影像妨害を起こす周波数 [kHz] の値として，適当なものはどれか。

（1）535[kHz]　（2）1,900[kHz]　（3）3,425[kHz]　（4）3,880[kHz]

解説

①　影像周波数

スーパヘテロダイン受信機において，影像周波数は次式で定義されている。

影像周波数＝｜受信周波数±2×中間周波数｜

**　　　　＝｜受信周波数±2×局部発振周波数｜**

$$= ｜990 \pm 2 \times 1445｜ = ｜990 \pm 2890｜$$

（3880 または 1900［kHz］）

②　影像周波数に等しい周波数の電波が到来した場合に，その到来電波と局部発振周波数とのビート周波数が中間周波数に一致して，混信が発生することがある。この現象をイメージ妨害（**影像妨害**）という。

③　影像妨害を起こす周波数は，**①**の計算値の小さい方で 1900［kHz］

答　（2）

Point ➡ 影像周波数＝｜受信周波数±2×中間周波数｜

電子回路もこれで終りだよ。あまり幅を広げず問題を復習しておこう！

第2節　自動制御・計測　☆☆☆

【問題1】　シーケンス制御とフィードバック制御の特徴に関する記述として，不適当なものはどれか。
- （1）フィードバック制御は，回路構成が必ず閉ループとなる。
- （2）フィードバック制御は，指令値と実際値を常に比較して制御するものである。
- （3）シーケンス制御は，扱う情報が主として連続量である。
- （4）シーケンス制御では，外部からの命令は作業命令である。

解説

フィードバック制御は，温度，速度など連続的な物理量を扱う。一方，シーケンス制御は，扱う情報が，「入」と「切」，「運転」と「停止」など一般に二つの値を指令する制御で，時間的・空間的に不連続な量の制御である。

答　（3）

Point ➡ シーケンス制御→不連続量を扱う制御

【問題2】　シーケンス制御とフィードバック制御に関する記述として，不適当なものはどれか。
- （1）シーケンス制御は，あらかじめ定められた順序または手続きに従って，制御の各段階を逐次進めていく制御である。
- （2）シーケンス制御は，一般に「入」と「切」などの不連続量を対象として扱う制御である。
- （3）フィードバック制御は，制御量を目標値と比較し，それらを一致させるように操作量を生成する制御である。
- （4）フィードバック制御は，回路構成が必ず開ループになる制御である。

解説

フィードバック制御は，制御量を検出して主フィードバック量として比較部に戻して目標値との差（制御偏差）を見つけ出すようになっているので，回路構成は必ず閉ループである。

答　（4）

Point ➡ シーケンス制御は開ループ

【問題3】 フィードバック制御とシーケンス制御に関する記述として，不適当なものはどれか。

(1) 追値制御とは，目標値を一定に保つよう，外乱に対し常に制御対象を一定にする制御である。

(2) 追従制御とは，対象物の移動に従い目標値が常に変化している制御である。

(3) プロセス制御とは，化学工場などに用いられ，主に化学反応プロセスにおける物理量を制御量としている。

(4) シーケンス制御とは，あらかじめ定められた変化をする目標値に追従させる制御である。

解説

シーケンス制御は，あらかじめ定められた順序または手続きに従って，制御の各段階を逐次進めていく制御である。　　　　　　　　　　　答　（4）

(Point) ➡ シーケンス制御＝順序制御

【問題4】 シーケンス制御とフィードバック制御の特徴に関する記述として，最も不適当なものはどれか。

(1) シーケンス制御は，あらかじめ定められた順序または手続きに従って，制御の各段階を逐次進めていく制御である。

(2) シーケンス制御は，目標値の特性により定値制御，追従制御などに分類される。

(3) フィードバック制御は，制御量を目標値と比較し，それらを一致させるように操作量を生成する制御である。

(4) フィードバック制御は，制御量の種類によりサーボ制御，プロセス制御などに分類される。

解説

フィードバック制御は，目標値の特性により目標値が一定の定値制御と目標値が変化する追値制御（追従制御，比率制御，プログラム制御）がある。

答　（2）

(Point) ➡ フィードバック制御→定値制御と追値制御

【問題5】 図に示すシーケンス回路において，スイッチA，B，Cの状態とランプLの点滅の関係として，誤っているものはどれか。

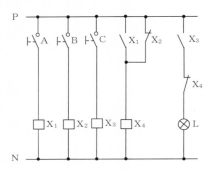

	A	B	C	ランプL
（1）	ON	ON	OFF	消灯
（2）	OFF	ON	ON	点灯
（3）	ON	OFF	ON	点灯
（4）	OFF	OFF	ON	消灯

解説

（3）のように，AがONではコイル X_1□が励磁され接点 X_1は閉じ，コイル X_4□が励磁され**接点 X_4は開く**。BがOFFではコイル X_2□が励磁されていないので接点 X_2は閉じている。CがONではコイル X_3□が励磁され，**接点 X_3 は閉じる**。このため，**接点 X_4開**と**接点 X_3閉**より，ランプLは消灯する。

答 （3）

Point → コイルが励磁されると閉じるa接点，開くb接点

【問題6】 図に示すブロック線図の合成伝達関数Gを表す式として，正しいものはどれか。

（1） $G = \dfrac{G_1}{1 + G_1 G_2}$

（2） $G = \dfrac{G_1}{1 - G_1 G_2}$

（3） $G = G_1 + G_2$

（4） $G = G_1 - G_2$

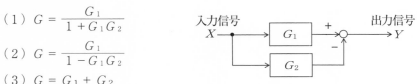

解説

ブロック線図を解読していくと、入力信号 X を G_1 倍したものと入力信号 X を G_2 倍したものとの差が出力信号 Y となっている。これを式で表すと、

$$Y = G_1 X - G_2 X = (G_1 - G_2) X$$

$$\therefore \quad 合成伝達関数 G = \frac{出力信号 Y}{入力信号 X} = (G_1 - G_2) \qquad 答 \quad (4)$$

(Point) → 合成伝達関数は（出力信号÷入力信号）で求まる

【問題7】 動作原理により分類した指示電気計器の記号と名称の組合せとして、適当なものはどれか。

（1） 可動鉄片形計器 　（2） 静電形計器

（3） 電流力計形計器 　（4） 永久磁石可動コイル形計器

解説

（2）の記号は**可動コイル形計器**，（3）の記号は**静電形計器**，（4）の記号は**電流力計形計器**である。 　　　　　　　　　　　　　　答 （1）

(Point) → 可動鉄片形計器→交流回路で一般に使用される

【問題8】 計器に関する記述として、不適切なものはどれか。
　（1）デジタル計器は、測定値が数字のデジタルで表示される装置である。
　（2）可動コイル形計器は、コイルに流れる電流の実効値に比例するトルクを利用している。
　（3）可動鉄片形計器は、磁界中で磁化された鉄片に働く力を応用しており、商用周波数の交流電流計および交流電圧計として広く普及している。
　（4）整流形計器は感度がよく、交流用として使用されている。

解説

可動コイル形計器は直流専用計器で、コイルに流れる電流の平均値に比例する

トルクを利用している。 答 （2）

 (**Point**) ➡ 可動コイル形計器→直流専用計器で平均値を指示

【問題9】 図に示す回路において，スイッチSの開閉にかかわらず全電流Iが8〔A〕であるとき，抵抗R_1およびR_2の組合せとして，適切なものはどれか。ただし，電池の内部抵抗は無視するものとする。

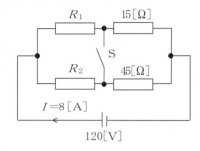

	R_1	R_2
（1）	5〔Ω〕	15〔Ω〕
（2）	15〔Ω〕	5〔Ω〕
（3）	15〔Ω〕	25〔Ω〕
（4）	25〔Ω〕	15〔Ω〕

【解説】

❶ スイッチSの開閉にかかわらず全電流Iが8〔A〕であるので，ブリッジ回路は平衡条件を満足している。したがって，

$$R_1 \times 45 = R_2 \times 15 \quad \rightarrow \quad R_2 = 3R_1$$

❷ 回路の合成抵抗Rは，$R = \dfrac{120〔V〕}{8〔A〕} = 15〔Ω〕$ であるので，

$$R = 15 = \frac{(R_1+15) \times (R_2+45)}{(R_1+15) + (R_2+45)} = \frac{(R_1+15) \times (3R_1+45)}{(R_1+15) + (3R_1+45)} = \frac{3R_1^2 + 90R_1 + 675}{4R_1 + 60}$$

$$= \frac{3(R_1^2 + 30R_1 + 225)}{4(R_1+15)} = \frac{3(R_1+15)(R_1+15)}{4(R_1+15)} = \frac{3(R_1+15)}{4}$$

$$\therefore \quad R_1 + 15 = 20 \quad \rightarrow \quad R_1 = 5〔Ω〕 \qquad R_2 = 3R_1 = 3 \times 5 = 15〔Ω〕$$

答 （1）

たすき掛けの積が等しいとブリッジは平衡しているネ！

Point ➡ ブリッジの平衡状態→Ｓの開閉にかかわらず電流一定

【問題10】 スペクトラムアナライザの機能として必要な条件を示したものとして，誤っているのは次のうちどれか。

(1) 任意の信号が同一確度で測定できるよう周波数特性は広く平坦であること。

(2) 互いに近接している信号を十分な分解能で分離できること。

(3) 掃引発振器の周波数はできる限り安定で，かつ，その波形は方形波に近いこと。

(4) 微弱な信号でも検出できるように高感度であること。

解説
❶ スペクトラムアナライザは，横軸に周波数，縦軸に電力または電圧をとり画面に二次元のグラフを表示する計測器である。

❷ スペクトラムアナライザには，掃引方式と高速フーリエ変換（FFT：Fast Fourier Transform）によるリアルタイム方式がある。

❸ 掃引方式の掃引発振器には**のこぎり波**が使用されている。　　答　（3）

Point ➡ 掃引方式の掃引発振器→のこぎり波

【問題11】 「圧電効果」に関する説明として，適切なものはどれか。

(1) 1個の金属で，2点間の温度が異なる場合，その間に電流を流すと，熱を吸収しまたは発生する現象

(2) 水晶などの結晶体から切り出した板に，圧力を加えると，圧力に比例した起電力が発生する現象

(3) 高周波電流が導体を流れる場合，表面近くに密集して流れる現象

(4) 磁性体の磁化の強さを変化させると，ひずみが現れる現象

解説
（1）は**トムソン効果**，（3）は**表皮効果**，（4）は**磁気ひずみ現象**である。

答　（2）

Point ➡ 圧電効果（ピエゾ効果）→圧力を加えると起電力が発生

電気通信設備

　電気通信設備は，「有線電気通信設備」，「無線電気通信設備」，「ネットワーク設備」，「情報設備」，「放送機械設備」，「その他設備」から成り立っています。「電気通信」に携わっている人は，これらの設備のいずれかの専門的知識を有していると思われます。ですから，その設備を中心に「得意だ！」と思われる設備について輪を広げていくような学習をされるとよいでしょう。特に，有線電気通信設備のうちの「通信ケーブル」は出題頻度も高いので，必ず先行して学習するようにして下さい。

選択率は１級で 50％，
２級で 35％ となっているよ！

☆出題ウエイトを確認しておこう！☆

（問題出題・解答数の目安）

級の区分	１級		２級	
出題分野	出題数	解答数	出題数	解答数
電気通信工学	16	11	12	9
電気通信設備	28	14	20	7
関連分野	10	7	8	4
施工管理法	22	20	13	13
法規	14	8	12	7
合計	90	60	65	40

第1章 有線電気通信設備

第1節 有線通信設備 ☆☆☆

【問題1】 試験に出ました！

光ファイバ通信技術を用いた伝送システムに関する記述として，適当でないものはどれか。

(1) 電気エネルギーを光エネルギーに変換する素子には，発光ダイオードと半導体レーザがある。

(2) 光ファイバ増幅器は，光信号のまま直接増幅する装置である。

(3) 光送受信機の変調方式には，電気信号の強さに応じて光の強度を変化させるパルス符号変調方式がある。

(4) 光ファイバは，コアと呼ばれる屈折率の高い中心部と，それを取り囲むクラッドと呼ばれる屈折率の低い外縁部からなる。

解説

光送受信機の変調方式には，電気信号の強さに応じて光の強度を変化させる**強度変調方式**が使用される。 答 （3）

Point ➡ 光送受信機の変調方式→強度変調

【問題2】 光ファイバ通信システムに関する説明として，不適切なものはどれか。

(1) 光ファイバ通信システムの伝送距離は中継伝送方式とすることにより延伸することが可能である。中継伝送方式には，中継器で光－電気－光変換を行う線形中継伝送方式と，光領域で増幅して伝送する再生中継伝送方式がある。

(2) 光ファイバ通信システムにおいて，伝送距離を制限する要因には，光ファイバ損失，SN 比，伝送速度，送信光出力などがある。

(3) 無中継光ファイバ通信システムでは，光ファイバ損失と送信機の光出力が一定であるとき，伝送速度を上げようとしたり受信信号の SN 比を大きくしようとしたりすると，一般に，伝送距離は制限される。

(4) 再生中継伝送方式では，一般に，識別再生回路によるリジェネレーション，タイミング抽出回路によるリタイミング及び等化増幅回路に

よるリシェーピングの 3R 機能を有する中継器を用いて長距離伝送を実現している。

解説

中継伝送方式には，中継器で光－電気－光変換を行う**再生中継伝送方式**と，光領域で増幅して伝送する**線形中継伝送方式**がある。　　　　　答　（1）

(**P o i n t**) → 線形中継伝送方式→光領域で増幅して伝送する

【問題3】 周波数分割多重（FDM）通信方式に関する記述として，適当でないものはどれか。

（1）多数の音声信号などの信号を一定の周波数間隔で配列し，同時に伝送する。

（2）時分割多重（TDM）通信方式に比べ，同じ周波数帯ではチャンネル数を多く収容できる。

（3）一部のチャンネルにひずみがあっても，他のチャンネルに影響をおよぼさない。

（4）多重化されたチャンネルをそれぞれ分離するには，良好な特性の帯域フィルタが必要である。

解説

周波数分割多重（FDM：Frequency Division Multiplex）通信方式では，一部のチャンネルにひずみがあると，そのひずみは全チャンネルに影響を与える。

答　（3）

(**P o i n t**) → FDM→一部のchひずみは全chに影響する

【問題4】 符号分割多重（CDM）通信方式に関する記述として，適当でないものはどれか。

（1）フェージングや混信によって影響されることが少なく，秘話性が高い。

（2）スペクトル拡散された各信号は，広い周波数帯域内を符号分割多重信号として伝送される。

（3）多重化される各デジタル信号の周波数帯域幅よりはるかに広い周波数帯域幅が必要である。

第2編

電気通信設備

74

（4）各デジタル信号は，同一の拡散符号によってスペクトル拡散変調される。

解説

符号分割多重（CDM：Code Division Multiplex）通信方式は，デジタル信号をPSK（位相偏移変調：Phase-Shift Keying）やQAM（直角位相振幅変調：Quadrature Amplitude Modulation）などにより**1次変調**したのちに，疑似雑音符号を用いた拡散符号により**2次変調**（拡散変調）している。　答　（4）

  **Point** ➡ CDM→一次変調＋二次変調（拡散変調）

【問題5】 光アクセス網形態に関する説明として，不適切なものはどれか。

（1）光アクセス網形態の1つであるDS（Double Star）は，光ファイバをユーザごとに割り当てるSS（Single Star）に迂回ルートを設定したもので，SSと比較して高信頼度を実現した光アクセス網形態である。

（2）設備センターとユーザ間に光/電気変換を行う能動素子を用いて，1心の光ファイバに複数のユーザを収容する光アクセス網形態は，ADSといわれる。

（3）設備センターとユーザ間に受光素子である光スプリッタを用いて，1心の光ファイバに複数のユーザを収容する光アクセス網形態は，PDSといわれる。

（4）SSは，設備センター側の装置とユーザ宅内側の装置を光ファイバで1対1にスター状に接続する構成であるため，OTDRを用いた設備センター側からの各ユーザ区間における故障点探索は，PDSと比較して，一般に容易である。

解説

DS（Double Star）は，1心の光ファイバを中間に設けた受動素子であるスプリッタで複数に分岐しその下流側も光ファイバを使うPDS（Passive Double Star）と，能動素子を設けてO/E変換し下流を複数のメタルケーブルとしたADS（Active Double Star）とがある。　答　（1）

 Point ➡ DS（ダブルスター）→PDSとADS

【問題6】　FTTH に関する説明として，適切なものはどれか。

（1）IEEE が策定した無線通信の規格に準拠し，相互接続性が保証されていることを示すブランド名

（2）アナログの電話線を用いて高速のデジタル通信を実現する技術

（3）インターネットなどでファイルを転送するときに使用するプロトコル

（4）光ファイバを使った家庭向けの通信サービスの形態

解説

FTTH は，Fiber To The Home の略称で，光ファイバを伝送路として一般家庭まで引き込む光通信ネットワークである。Fiber や Home がヒントとなっている。（1）は Wi-Fi，（2）は ADSL，（3）は FTP である。　　答　（4）

Point ➡ FTTH→光ファイバによる家庭へのアクセス方式

第2編

電気通信設備

第2節　通信ケーブル ☆☆☆

【問題1】　情報通信設備の屋内配線に関する記述として，不適当なものは
どれか。
- （1）保守用インターホン設備の配線に，着色識別ポリエチレン絶縁ビニル
   シースケーブル（FCPEV）を使用した。
- （2）非常放送設備のスピーカ配線に，警報用ポリエチレン絶縁ケーブル
   （AE）を使用した。
- （3）監視カメラの配線に，テレビジョン受信用同軸ケーブル（5C-FB）を
   使用した。
- （4）電話設備の幹線に，通信用構内ケーブル（TKEV）を使用した。

解説
業務放送設備ではAEケーブルを使用するのが一般的であるが，非常・業務兼
用の放送設備では，火災時に電線が断線すると非常放送が鳴動できないため耐
熱性のあるHPケーブルを使用しなければならない。　　　　答　（2）

 （Point）➡ 非常放送設備のスピーカ配線→HPケーブル

【問題2】　**試験に出ました！**
高周波伝送路に関する記述として，適当でないものはどれか。
- （1）特性インピーダンスが異なる2本の通信ケーブルを接続したとき，そ
   の接続点で送信側に入力信号の一部が戻る現象を反射という。
- （2）平行線路は，電磁波が伝送線路の外部空間に開放された状態で伝送さ
   れるため，外部空間の電磁波からの干渉に弱く，また，外部空間への
   電磁波の放射が生じるという問題が起こる。
- （3）同軸ケーブルの特性インピーダンスは，内部導体の外径と，外部導体
   の内径の比を変えると変化する。
- （4）同軸ケーブルの記号「3C-2V」の最初の文字「3」は，外部導体の概
   略外径をmm単位で表したものである。

解説
3Cの3は外部導体の内径が約3mmであることを，Cは特性インピーダン
スが75Ω（Dは50Ω）であることを表している。また，2Vの2は絶縁体
がポリエチレンであることを，Vは一重導体編組であることを表している。

芯　線　　　編　組

半透明のポリエチレン

答　（4）

Point ➡ 3C→外部導体内径が3mm, 特性Zが75Ω

【問題3】 通信工事の配線工事に関する記述として，適当でないものはどれか。

（1）非シールドより対線（UTP）ケーブルを，LANの配線に使用した。

（2）600Vビニル絶縁電線（IV）を鋼製電線管に入れ，非常放送設備の操作回路の配線に使用した。

（3）高周波同軸ケーブル（5C-2V）を，監視カメラシステムの配線に使用した。

（4）通信用屋内ビニル平形電線（TIVF）を，電話設備の室内端子盤の二次側配線に使用した。

解説

消防法上の非常放送設備の配線には，耐熱性のある600V二種ビニル絶縁電線（HIV）を使用しなければならない。　　　　　　　　　　　　答　（2）

Point ➡ 非常放送設備の配線→600V二種ビニル絶縁電線

【問題4】 構内情報通信網（LAN）に使用するUTPケーブルの施工に関する記述として，最も不適当なものはどれか。

（1）対ケーブルの固定時の曲げ半径を仕上がり外径の4倍とした。

（2）フロア配線盤から通信アウトレットまでの配線長を100mとした。

（3）垂直のケーブルラックに布設するケーブルの支持間隔を1.5mとした。

（4）カテゴリー6の成端時の対の撚り戻し長を6mmとした。

解説

フロア配線盤から通信アウトレットまでの配線長は90mを超えてはならない。

答 （2）

 Point → フロア配線盤～通信アウトレット→90 m以下

【問題5】 **試験に出ました！**
下図に示すスロット型光ファイバケーブルの断面において，①の名称として適当なものはどれか。
（1）光ファイバ心線
（2）単芯コード
（3）メッセンジャワイヤー
（4）テンションメンバ

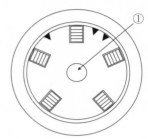

解説

テンションメンバである。光ファイバケーブルでは，心線に許容量以上の張力が加わらないよう，ケーブルの中心部に鋼線，鋼より線やFPR線などを入れて引張力に抗するようにしている。 答 （4）

 Point → テンションメンバ→敷設時に張力を分担する

【問題6】 光ファイバケーブルに関する記述として，不適当なものはどれか。
（1）クラッドは，コアより屈折率が低い。
（2）光信号は，コアの中を反射しながら伝搬する。
（3）マルチモードは，シングルモードと比べてコア径が大きい。
（4）マルチモードは，シングルモードに比べて長距離伝送に適している。

解説

マルチモードは，シングルモードに比べて伝送損失が大きいため長距離伝送には適していない。また，マルチモードの光ファイバは，ランダムに反射を繰り返すためにモード分散が発生し，伝送帯域が制限される。 答 （4）

Point → マルチモードファイバ→伝送帯域が制限され短距離

【問題7】 試験に出ました！

光ファイバの種類・特長に関する記述として，適当でないものはどれか。

（1）光ファイバには，シングルモード光ファイバとマルチモード光ファイバがあり，伝送損失はシングルモード光ファイバのほうが小さい。

（2）長距離大容量伝送には，マルチモード光ファイバが適している。

（3）マルチモード光ファイバには，ステップインデックス型とグレーデッドインデックス型の2種類がある。

（4）シングルモード光ファイバは，マルチモード光ファイバと比べてコア径を小さくすることで，光伝搬経路を単一としたものである。

解説

シングルモードファイバ（SM）は，光が単一のモードで伝搬されるものであって，伝送損失が少ないため長距離伝送に適している。　　　答　（2）

 Point → シングルモードファイバ→伝送損失が少ない

第2編 電気通信設備

【問題8】 光ファイバケーブルに関する記述として，不適当なものはどれか。

（1）光ファイバケーブルは，電磁誘導障害を受けない。

（2）光ファイバケーブルの施設に当たっては，曲率半径，側圧，施設張力などを考慮する。

（3）光ファイバケーブルのシングルモードファイバは，マルチモードファイバと比べて伝送帯域が狭い。

（4）光ファイバケーブルの接続方法には，着脱可能なコネクタ接続がある。

解説

シングルモードファイバ（SM）は，マルチモードファイバ（MM）のように，モードの違いによる伝搬信号のひずみは発生しないことから，広帯域の伝送ができる。　　　答　（3）

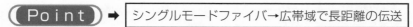 **Point** → シングルモードファイバ→広帯域で長距離の伝送

【問題9】 **試験に出ました！**

光ファイバ接続に関する次の記述に該当する接続方法として，適当なものはどれか。

「接続部品のＶ溝に光ファイバを両側から挿入し，押さえ込んで接続する方法で，押え部材により光ファイバ同士を固定する。」

（1）融着接続
（2）メカニカルスプライス
（3）接着接続
（4）光コネクタ接続

解説

❶ 「接続部品のＶ溝に光ファイバを両側から挿入し，押さえ込んで接続する方法で，押え部材により光ファイバ同士を固定する。」のは，メカニカルスプライス接続である。

❷ Ｖ溝，押え部材などがヒントとなっている。　　　　　　　　答　（2）

Point ➡ メカニカルスプライス接続や融着接続→永久接続

【問題10】 光ファイバケーブルに関する記述として，最も不適当なものはどれか。

（1）光ファイバケーブルの損失には，光ファイバ固有の損失，曲りによる損失，接続損失がある。
（2）光ファイバケーブルには許容される布設張力があり，これを超えると伝送特性および長期信頼性が低下する。
（3）光ファイバケーブルの損失測定方法には，光ファイバ内の屈折率のゆらぎによるフレネル反射を利用する方法がある。
（4）光ファイバケーブルの接続損失の要因には，光ファイバの心線の軸ずれ，光ファイバ端面の分離などがある。

解説

光ファイバの**損失測定方法**には，光ファイバ内の屈折率のゆらぎによる**レイリー散乱を利用**する方法がある。レイリー散乱は，ファイバ生成時の屈折率のゆらぎにより発生し，光が散乱されることで距離に対して徐々に光パワーが減少する。また，光ファイバの端面の急激な屈折率の変化で発生する**フレネル反射**を利用する方法は，光ファイバケーブルの**破断点の位置の推定**に用いられる。

答　（3）

 （Point） ➡ 光ファイバの損失測定→レイリー散乱を利用

【問題11】 **試験に出ました！**

光ファイバケーブルの施工に関する記述として，適当でないものはどれか。

（1）光ファイバケーブルの延線時許容曲げ半径は，仕上がり外径の15倍として敷設した。

（2）光ファイバケーブルの接続部をクロージャ内に収容し，水密性が確保されているかどうかの気密試験を行った。

（3）光ファイバケーブルは，ねじれ，よじれ等で光ファイバ心線が破断の恐れがあるため敷設状態を監視して施工した。

（4）光ファイバケーブル敷設後の許容曲げ半径は，仕上がり外径の10倍とした。

解説

光ファイバケーブルの延線時許容曲げ半径は仕上がり外径の**20倍**で，敷設後の許容曲げ半径は仕上がり外径の**10倍**である。　　　　　　　　　答　（1）

 （Point） ➡ 許容曲げ半径（延線時20ｄ＞敷設後10ｄ）

【問題12】 光ファイバケーブルの配線に関する記述として，不適当なものはどれか。

（1）電磁誘導の影響を受けないので，電力ケーブルと並行して布設した。

（2）コネクタ付なので，コネクタを十分に保護して布設した。

（3）成端処理に必要な余長を含んで布設した。

（4）張力の変動を吸収するために，延線用撚り戻し金物を使用して布設した。

解説

光ファイバケーブルの布設時には，一定の速度で布設し，衝撃や張力の変動を与えてはならない。延線用撚り戻し金物は，布設時のケーブルの捻回防止のために使用するものである。なお，光ファイバケーブルの許容曲げ半径は，延線時は外径の20倍，固定時は10倍以上とする。　　　　　　　　　答　（4）

第2編

電気通信設備

Point → 延線用撚り戻し金物：捻回の防止

【問題 13】 光ファイバケーブルに関する記述として，最も不適当なものは
どれか。

（1）光ファイバケーブルには許容される布設張力があり，これを超えると
伝送特性および長期信頼性が低下する。

（2）高圧電線からの電磁誘導や誘導雷サージの対策には，ノンメタリック
型の光ファイバが有効である。

（3）光ファイバケーブルの損失測定方法には，ファイバ内の屈折率のゆら
ぎによるフレネル反射を利用する方法がある。

（4）光ファイバケーブルの接続損失の要因には，光ファイバの心線間の間
隔や端面の傾斜がある。

解説

光ファイバケーブルの損失測定方法には，ファイバ内に入射した光の**レイリー
散乱**による反射光の一部が光パルスの進行方向と逆の方向に戻ることを利用し
た**OTDR**（Optical Time Domain Reflectometer）**法**がある。なお，**フレネル
反射**は，光ファイバの破断点や接合部で起こる光の反射現象で，これを利用し
て**破断点の位置の推定**が行われる。　　　　　　　　　　　　答　（3）

Point → OTDR法→レイリー散乱を利用した損失測定

【問題 14】 **試験に出ました！**

光ファイバの伝送特性試験に関する記述として，適当でないものはどれか。

（1）カットバック法は，被測定光ファイバを切断する必要があるが光損失
を精度よく測定できる。

（2）OTDR法は，光ファイバの片端から光パルスを入射し，そのパルスが
光ファイバ中で反射して返ってくる光の強度から光損失を測定できる。

（3）挿入損失法は，被測定光ファイバおよび両端に固定される端子に対し
て非破壊で光損失を測定できる。

（4）ツインパルス法は，光ファイバに波長が異なる2つの光パルスを同時に
入射し，光ファイバを伝搬した後の到達時間差により光損失を測定する。

解説

ツインパルス法は，光ファイバに波長が異なる2つの光パルスを同時に入射し，伝搬後の到着時間差により**波長分散を測定**する方法である。　答　（4）

(Point) ➡ ツインパルス法→波長分散の測定

光ファイバケーブルについての問題は沢山出題されると予想できるね！

第3節　通信セキュリティ ☆☆☆

【問題1】　アンチパスバック方式は ID の状態を記録し，入室済みの ID での再入室，退室済みの ID での再退室を規制するものである。ID カードを用いた入退室管理システムを導入した部屋の利用制限について，アンチパスバック方式を導入することで実現できることとして適切なものはどれか。

（1）定められた期間において，入退回数を超えると入室できなくする。
（2）他人の入室に合わせて，共連れで入室すると，自分の ID カードを使用しての退室をできなくする。
（3）当日出社していない同僚から借りた ID カードを使用しての入室をできなくする。
（4）入室してから一定時間経過すると退室できなくする。

解説

アンチパスバック方式は，共連れなどによる不正な入退室を防止するための方法である。利用者 ID ごとに入退室の時刻を記録することで，次のような矛盾のある入退室行動を制限する。
❶直近の記録が入室である利用者の入室行動
❷直近の記録が退室である，または入室記録がない利用者の退室行動
したがって，他人の ID を使用した入退室，入退室の両方を共連れで行うなどは規制の対象外となる。　　　　　　　　　　　　　　　　　答　（2）

（**Point**）➡ アンチパスバック方式→不正な入退室を防止

【問題2】　テンペスト技術の説明とその対策として，適切なものはどれか。

（1）ディスプレイやケーブルなどから放射される電磁波を傍受し，内容を観察する技術であり，電磁波遮断が施された部屋に機器を設置することによって対抗する。
（2）データ通信の途中でパケットを横取りし，内容を改ざんする技術であり，デジタル署名による改ざん検知の仕組みを実装することによって対抗する。
（3）マクロウイルスにおいて使われる技術であり，ウイルス対策ソフトを導入し，最新の定義ファイルを適用することによって対抗する。
（4）無線 LAN の信号から通信内容を傍受し，解析する技術であり，通信

パケットを暗号化することによって対抗する。

解説

テンペストは，パソコンから漏れる電波によって情報を盗み出すことである。

答　（1）

 Point → テンペスト＝電磁波盗聴

第2章 無線電気通信設備

第1節 移動電話システム ☆☆☆

【問題1】 試験に出ました！

第4世代移動通信システムと呼ばれる LTE に関する記述として，適当でないものはどれか。

（1）データの変調において，FSK を採用している。

（2）複数のアンテナより送受信を行う MIMO 伝送技術を採用している。

（3）無線アクセス方式において，上りリンクと下りリンクで異なった方式を採用している。

（4）パケット交換でサービスすることを前提としている。

解説

❶ ITU（国際電気通信連合：International Telecommunication Union）は，3.9 世代に属する LTE を 4G（第 4 世代）と呼ぶことを許可している。

❷ **LTE**（Long Term Evolution）**のアクセス方式は OFDMA**（Orthogonal Frequency Division Multiple Access），**変調方式は 64 QAM**（Quadrature Amplitude Modulation），アンテナ方式は **MIMO**（Multiple Input Multiple Output）である。

❸ LTE の 3 大特徴は，高速，大容量，低遅延である。

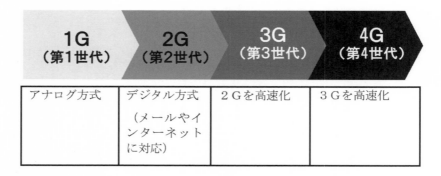

1G （第1世代）	2G （第2世代）	3G （第3世代）	4G （第4世代）
アナログ方式	デジタル方式 （メールやインターネットに対応）	2 G を高速化	3 G を高速化

答　（1）

(**Point**) ➡ LTE→第4世代通信システムで変調は64 QAM

【問題2】　LTE よりも通信速度が高速なだけではなく，より多くの端末が接続でき，通信の遅延も少ないという特徴をもつ移動通信システムとして，適当なものはどれか。
　　（1）ブロックチェーン　　　（2）MVNO　　　（3）8 K　　　（4）5 G

解説

5 G は第5世代移動通信システムで，次世代の携帯電話の通信規格である。5 G は，4 G よりさらに高速化が図られるほか，多数同時接続できること，超低遅延であることなどの特徴がある。

（1）**ブロックチェーン**は，分散型台帳技術である。

（2）**MVNO**（Mobile Virtual Network Operator）は，自身は無線通信回線設備を保有せずに，電気通信事業者の回線を間借りすることによって，移動通信サービスを提供する事業者をいう。

（3）**8 K** は，4 K を超える超高画質の次世代の映像規格である。　答　（4）

（**Point**）→　5 G→次世代の携帯電話の通信規格

【問題3】　**試験に出ました！**
ダイバーシチ技術に関する次の記述の　　　　　に当てはまる語句の組合せとして，適当なものはどれか。

　「フェージングによる影響を軽減するため，複数の受信アンテナを数波長以上離して設置し，信号を　**ア**　または切り替えることで受信レベルの変動を　**イ**　する方式を空間ダイバーシチ方式という。」

	（ア）	（イ）
（1）	合成	小さく
（2）	合成	大きく
（3）	除去	小さく
（4）	除去	大きく

解説

❶問題の文章を完成させると次のようになる。
「フェージングによる影響を軽減するため，複数の受信アンテナを数波長以上離して設置し，信号を **合成** または切り替えることで受信レベルの変動を **小さく** する方式を空間ダイバーシチ方式という。」

❷電波の相互干渉によるフェージングの影響を防ぐためのダイバーシチ方式には，次のようなものがある。

☆空間ダイバーシチ：複数の受信アンテナの距離を離す。（携帯電話で採用）

☆偏波ダイバーシチ：アンテナを設置する方向を変える。

☆時間ダイバーシチ：信号を送るタイミングをずらす。　　　　答　（1）

(Point) ➡ 空間ダイバーシチ→複数のアンテナの距離を離す

【問題4】　**試験に出ました！**

移動通信に用いられる次の変調方式のうち，周波数利用効率が最も高いものはどれか。

（1）QPSK　　　　（2）GMSK

（3）16 QAM　　　（4）8 PSK

解説

周波数利用効率の高い順に **16 QAM**，8 PSK，QPSK（位相偏移変調（PSK）の一種），GMSK（ガウス最小偏移変調）である。このうち，16 QAM は1シンボルで，16 値（4 bit）の情報伝送ができる。8 PSK は，1回の信号に8つの値をもたせる。QPSK（4相 PSK）は，1回の信号に4つの値をもたせる。GMSK は，連続位相周波数偏移変調方式である。　　　　答　（3）

(Point) ➡ 16 QAM→第3.5世代移動通信システムで採用

第2節　衛星通信設備　☆☆☆

【問題1】　人工衛星を静止軌道衛星とするための条件に関する記述として，必要でないものはどれか。

（1）軌道は，北極または南極の上空でなければならない。

（2）軌道は，円軌道でなければならない。

（3）衛星の周期は，地球の自転周期と同じでなければならない。

（4）衛星の位置は，高度約36,000〔km〕の位置である。

解説

軌道は，赤道上空でなければならない。　　　　　　　　　　答　（1）

 Point → 静止軌道衛星の軌道→赤道の上空

【問題2】　試験に出ました！

静止衛星通信に関する記述として，適当でないものはどれか。

（1）静止衛星の軌道は，赤道面にあることから，高緯度地域においては仰角（衛星を見上げる角度）が低くなり，建造物などにより衛星と地球局との間の見通しを確保することが難しくなる。

（2）複数の地球局が同一周波数で同一帯域幅の信号を使用するFDMAによる多元接続方式は，回線ごとに異なる時間を割り当てて送受信する方式である。

（3）トランスポンダは，衛星が受信した微弱な信号の増幅，受信周波数から送信周波数への周波数変換および信号波の電力増幅を行う。

（4）衛星通信では，電波干渉を避けるため，地球局から衛星への無線回線と，衛星から地球局への無線回線に異なる周波数帯の電波を使用している。

解説

多元接続の代表的なものには次の3つの方式がある。

❶　周波数分割多元接続（FDMA）：周波数帯域を分割して，ユーザ単位に割り当てられた周波数を使用して通信を行う方式である。

❷　時分割多元接続（TDMA）：ある一つの周波数を時間で分割し，分割した時間を複数ユーザに割り当て通信を行う方式である。

❸ 符号分割多元接続（CDMA）：同じ周波数帯の周波数軸と時間軸を複数のユーザが共有し，ユーザごとに異なる符号を割り当てて，通信を行う方式である。

（2）の複数の地球局が同一周波数で同一帯域幅の信号を使用し，回線ごとに異なる時間を割り当てて送受信する方式は TDMA である。　　　答　（2）

(Point) ➡ FDMA→周波数を分割して多元接続

【問題3】 地上から高度約 36,000 km の静止軌道衛星を中継して，地上のA地点とB地点で通信をする。衛星とA地点，衛星とB地点の距離がどちらも 37,500 km であり，衛星での中継による遅延を 10 ms とするとき，Aから送信し始めたデータがBに到達するまでの伝送遅延時間［s］として，適当なものはどれか。ただし，電波の伝搬速度は 3×10^8 m/s とする。

（1）0.13　　（2）0.26　　（3）0.35　　（4）0.52

解説

静止軌道衛星を中継して，地上のA地点とB地点で通信をするときの通信距離は，

通信距離＝A地点と衛星との距離＋衛星とB地点との距離
$$= 37,500 + 37,500 = 37,500 \times 2 = 75,000 \text{［km］}$$
$$= 7.5 \times 10^7 \text{［m］}$$

電波の伝搬速度は 3×10^8［m/s］であるので，伝搬するのに必要な時間 t は，

$$t = \frac{通信距離}{電波の伝搬時間} = \frac{7.5 \times 10^7}{3 \times 10^8} = 0.25 \text{［s］}$$

衛星での中継による遅延時間は 10［ms］（＝ 0.01［s］）であるので，Aから送信し始めたデータがBに到達するまでの伝送遅延時間 T は，

$$T = t + 0.01 = 0.25 + 0.01 = 0.26 \text{［s］} \qquad\qquad 答　（2）$$

(Point) ➡ 伝送遅延時間＝伝搬時間＋衛星中継による遅延時間

第3節 無線通信設備 ☆☆☆

【問題1】 試験に出ました！

無線 LAN のアクセス制御の方式として，適当なものはどれか。

（1）WPS （2）SSID （3）CSMA/CA （4）PPP

解説

無線 LAN のアクセス制御の方式は，**CSMA/CA 方式（搬送波感知多重アクセス/衝突回避方式）**で端末間の通信制御を行っている。(1) の WPS(Wi-Fi Protected Setup)は，無線 LAN 端末と無線ルータを，ボタン1つで簡単に設定するための仕組み（規格）である。(2) の SSID（Service Set Identifier）は，無線 LAN におけるアクセスポイントの識別名である。(4) の PPP（Point to Point Protocol）は，標準的な通信プロトコルの一つで，2台の機器間で仮想的な専用伝送路を確立して，相互にデータの送受信を行うことができるようにするものである。　　　　　　　　　　　　　　　答　（3）

 Point ➡ 無線LANのアクセス制御方式→CSMA/CA

【問題2】 高速無線通信で使われている多重化方式で，データ信号を複数のサブキャリアに分割し，各サブキャリアが互いに干渉しないように配置する方式として，適切なものはどれか。

（1）CCK （2）CDM （3）OFDM （4）TDM

解説

OFDM（Orthogonal Frequency Division Multiplexing）は直交周波数分割多重である。

（1）**CCK**（Complementary Code Keying）は相補型符号変調で，ビットを信号に変換する際に拡散符号を掛け合わせることで高速化，ノイズ耐性の強化が図られている。

（2）**CDM**（Code Division Multiplexing）は符号分割多重で，信号ごとに符号を付け，他の信号と識別するものである。

（4）**TDM**（Time Division Multiplexing）は時分割多重で，送信時間を短く区切ったタイムスロットごとに複数の信号を順番で割り当て多重化通信を行う。　　　　　　　　　　　　　　　　　　　　　答　（3）

 Point ➡ OFDM→直交周波数分割多重

【問題3】 試験に出ました！

無線 LAN の暗号化方式に関する記述として，適当でないものはどれか。

(1) WEP 方式では，暗号化アルゴリズムに DES 暗号を使用している。

(2) WPA2 方式では，暗号化アルゴリズムに AES 暗号をベースとした AES—CCMP を用いている。

(3) WPA 方式では，TKIP を利用してシステムを運用しながら動的に暗号鍵を変更できる仕組みになっている。

(4) WEP 方式は，WPA，WPA2 方式に比べ脆弱性があり安全な暗号方式とはいえない。

解説

WEP（Wired Equivalent Privacy）方式では，固定された PSK（Pre-Shared Key）を使用した暗号化が行われている。これは，無線 LAN のパケット暗号化において初期に考案されたもので，無線アクセスポイントに任意の文字列を設定し，端末側と一致した場合に通信が可能である。暗号技術には，共通鍵暗号方式の一つである RC 4 が使用されている。　　　　　　　答　（1）

Point ➡ WEP方式の暗号化→RC 4

【問題4】 マイクロ波を用いた無線通信の特徴に関する記述として，最も不適当なものはどれか。

(1) 短波を用いた通信に比べて空中線の利得が大きくできないため，送信機の出力が大きくなる。

(2) 自然雑音および人工雑音のいずれも極めて少ないため，S/N（信号対雑音比）の良い通信が可能である。

(3) 指向性が鋭いアンテナを使用することで混信が起きにくく，周波数の効率的使用ができる。

(4) 直進的伝搬特性のため，原則的には見通し距離内の通信に制限される。

解説

マイクロ波を用いた無線通信は，短波を用いた通信に比べて空中線の利得を大きくできるため，送信機の出力が小さくなる。

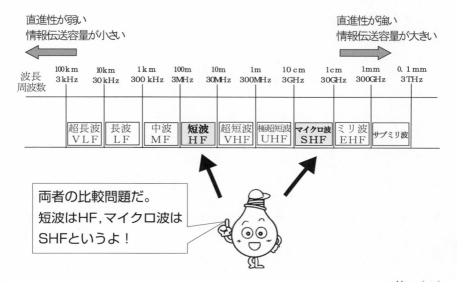

答　（1）

(Point) ➡ マイクロ波→直進性が強く情報伝送容量が大きい

【問題5】　試験に出ました！

固定局間のマイクロ波通信に関する記述として，適当でないものはどれか。

（1）指向性が鋭く，利得の高いアンテナを使うことができる。

（2）多重通信方式には，時分割多重方式や周波数分割多重方式がある。

（3）無線機とアンテナとの間の給電線路として，平行2線式給電線が主に用いられる。

（4）見通し外の通信を行うために，中継局が設けられる。

解説

固定局間のマイクロ波通信では，無線機とアンテナとの間の給電線路として，中空の管状導体（断面は矩形）の内部を伝播させる導波管が用いられている。

答　（3）

(Point) ➡ マイクロ波通信→無線機とアンテナ間の給電は導波管

【問題6】 試験に出ました！

マイクロ波帯（3 GHz〜30 GHz）の電波の大気中での減衰に関する記述として，適当でないものはどれか。

　（1）降雨，降雪，大気（水蒸気，酸素分子），霧などによる減衰を受ける。
　（2）降雨による減衰は，周波数が高いほど小さい。
　（3）降雨による減衰は，水蒸気による減衰より大きい。
　（4）降雨域では，雨滴による散乱損失や雨滴の中での熱損失により減衰する。

解説

❶　電波のうち波長が 1 μm 以下のものをマイクロ波という。

❷　マイクロ波は，降雨，降雪，大気，霧などによる減衰を受ける。

❸　降雨による減衰は，**周波数が高いほど大きく**，水蒸気による減衰より大きい。

❹　降雨域では，雨滴による散乱損失や雨滴の中での熱損失により減衰する。

答　（2）

（Point） → | マイクロ波→周波数が高くなるほど減衰が大きい |

【問題7】 試験に出ました！

マイクロ波多重無線設備で使用される導波管の施工に関する記述として，適当でないものはどれか。

　（1）導波管のフランジ接続は，ノックピンを使用してズレが起こらないように正確に接続し，その結合用ねじにはステンレス製を使用する。
　（2）導波管を通信機械室に引き込むため，適合する引込口金具を使用し，室内に雨水が浸入しないように防水処置を行う。
　（3）導波管のフランジには，無線機から気密窓導波管までは気密形を使い，気密窓導波管から空中線までは非気密形を使用する。
　（4）空中線から気密窓導波管までの区間に長尺可とう導波管を使用し，直線部だけでなく曲がり部にも使用する。

解説

導波管のフランジには，無線機から気密窓導波管までは非気密形を使い，気密窓導波管から空中線までは気密形またはチョーク気密形を使用する。

答　（3）

(**Ｐｏｉｎｔ**) ➡ 導波管のフランジ（気密形）→ガスケット溝あり

【問題8】　**試験に出ました！**

自由空間上の距離 $d = 25$ [km] 離れた無線局Ａ，Ｂにおいて，Ａ局から使用周波数 $f = 10$ [GHz]，送信出力１ [W] を送信したときのＢ局の受信機入力 [dBm] の値として，適当なものはどれか。ただし，送信および受信空中線の絶対利得は，それぞれ 40 [dB]，給電線および送受信機での損失はないものとする。なお，自由空間基本伝搬損失 L_0 は，次式で表されるものとし，d はＡ局とＢ局の間における送受信空中線間の距離，λ は使用周波数の波長であり，ここでは $\pi = 3$ として計算するものとする。

$$L_0 = \left(\frac{4\pi d}{\lambda}\right)^2$$

（１）－ 70 [dBm]
（２）－ 60 [dBm]
（３）－ 30 [dBm]
（４）40 [dBm]

解説

使用周波数 f [Hz] と波長 λ [m] の積は，光速 $c = 3 \times 10^8$ [m/s] であり，$c = f\lambda$ である。これより波長 λ は，

$$\lambda = \frac{c}{f} = \frac{3 \times 10^8}{10 \times 10^9} = 0.03 \ [\text{m}]$$

自由空間基本伝搬損失 L_0 は，

$$L_0 = \left(\frac{4\pi d}{\lambda}\right)^2 = \left(\frac{4 \times 3 \times 25 \times 10^3}{0.03}\right)^2 = 10^{14}$$

自由空間基本伝搬損失 L_0 を利得計算すると，

$$10 \ \log_{10} L_0 = 10 \ \log_{10} 10^{14} = 140 \ [\text{dB}]$$

送信出力１ [W] は [dBm] で表すと，$10 \ \log_{10} \dfrac{1000 \ [\text{mW}]}{1 \ [\text{mW}]} = 30$ [dBm]

であるので，Ｂ局の受信機入力＝送信出力＋送信および受信空中線の絶対利得－自由空間基本伝搬損失＝ 30 ＋ 40 ＋ 40 － 140 ＝ －30 [dBm]　　　　答　（３）

(**Ｐｏｉｎｔ**) ➡ 電力 [dBm] ＝ 10 log₁₀（電力の真値 [mW]）

【問題9】 **試験に出ました！**

無線通信において，アンテナの入力インピーダンスと給電線の特性インピーダンスの整合が必要となる理由に関する記述として，適当でないものはどれか。

(1) 効率の良い送受信ができなくなる。

(2) 送信機の電力増幅回路の動作が不安定になる。

(3) 電波障害の発生原因となる。

(4) 受信機の選択度の低下原因となる。

解説

受信機の選択度は，他の電波から目的波をどれだけ分離できるかの指標である。選択度は受信機の同調回路，フィルタ段数，先鋭度で決まるものである。

答　(4)

Point ➡ 受信機の選択度→インピーダンス整合と関係なし

【問題10】 **試験に出ました！**

150 MHz 帯 4 値 FSK 変調方式の移動無線設備工事の品質管理に関する記述として，適当なものはどれか。

(1) BER 測定器により送信周波数を測定し，規格値を満足していることを確認した。

(2) クランプメータにより受信感度を測定し，規格値を満足していることを確認した。

(3) SWR 計により反射電力を測定し，規格値を満足していることを確認した。

(4) 電力量計により送信出力を測定し，規格値を満足していることを確認した。

解説

(1) BER（ビットエラーレート）測定器は，誤り率を測定するものである。

$$ビットエラーレート（符号誤り率）＝\frac{誤っているビット数}{受信した総ビット数}$$

(2) クランプメータは，電流を測定するもので，単位は［A］である。受信感度は，どのくらい弱い電波まで受信できるかという能力で，決められた誤り条件を満たす最小の入力レベルで単位は［dBm］であり，測定は

受信感度アナライザにより行う。

（3）SWR は定在波比で，Standing Wave Ratio の略である。SWR は，進行波
と反射波の関係を示す数値である。

（4）電力量計により測定するのは電力量で，単位は ［W・s］ や ［W・h］ で
ある。送信出力の単位は ［W］ であり，測定は送信機テスタで行う。

答　（3）

Point → SWR→定在波比＝$\dfrac{1＋反射係数}{1－反射係数}$

第3章 ネットワーク設備

第1節　IPネットワーク設備　☆☆☆

【問題1】　試験に出ました！

ドメインネームシステム（DNS）に関する記述として，適当なものはどれか。

- （1）ゾーン（Zone）には，プライマリ DNS サーバとセカンダリ DNS サーバが存在し，DNS サービスの信頼性の向上を図っている。
- （2）DNS を利用して，IP アドレスに対応するドメイン名を求めることを正引き，逆にドメイン名に対応する IP アドレスを求めることを逆引きという。
- （3）インターネットにおける論理的な名前であるドメイン名に対応する IP アドレス，または IP アドレスに対応するドメイン名を，DNS サーバに対して問い合わせるクライアントソフトウェアをトレーサ（Tracer）という。
- （4）DNS キャッシュサーバは，ドメイン名空間の頂点にあってドメイン全体の情報を保持するサーバである。

解説

- （1）プライマリ DNS サーバとセカンダリ DNS サーバを用意することで，障害発生時のバックアップになるほか，負荷を分散させることができる。

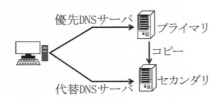

図　プライマリ DNS サーバとセカンダリ DNS サーバ

- （2）DNS を利用した正引きと逆引きは，下表のとおりである。

正引き	ドメイン名を IP アドレスに変換する (例)ドメイン名 www.abcdefg.jp → IP アドレス「221.242.xxx.xxx」
逆引き	IP アドレスからドメイン名に変換する (例)IP アドレス「221.242.xxx.xxx」→ ドメイン名 www.abcdefg.jp

（3）インターネットにおける論理的な名前であるドメイン名に対応する IP ア
ドレス，または IP アドレスに対応するドメイン名を，DNS サーバに対
して問い合わせるクライアントソフトウェアを**リゾルバ**という。

トレーサは，プログラムの修正を補助するツールで，プログラムの実行
過程を記録して可視化するソフトウェアのことである。

（4）DNS キャッシュサーバは，利用者からの任意のドメイン名の名前解決の
問い合わせを受けたとき，キャッシュを見て利用者に返答するコン
ピュータやソフトウェアである。わからないときには，外部サーバへ問
い合わせをする。このようにすることで，上位 DNS サーバの負担が軽
減され，利用者への応答時間が短縮される。

答　（1）

（Point） ➡ プライマリとセカンダリDNSサーバ→信頼性向上

【問題2】　IPv 4 を IPv 6 に置き換える効果として，適切なものはどれか。

（1）インターネットから直接アクセス可能な IP アドレスが他と重複して
も，問題が生じなくなる。

（2）インターネットから直接アクセス可能な IP アドレスの不足が，解消さ
れる。

（3）インターネットへの接続に光ファイバが利用できるようになる。

（4）インターネットを利用するときの通信速度が速くなる。

解説

IPv 4 のアドレス枯渇問題を解消するため生まれたのが IPv 6 である。**IPv 6 の
IPv 4 からの主な変更点**は次とおりである。

❶ IP アドレス長を 32 ビットから 128 ビットに拡大している。
❷ IP ヘッダのサイズを可変長から固定に変更している。
❸ IP アドレスの自動設定機能がある。
❹ IPsec という暗号・認証プロトコルによる IP 層でのセキュリティ強化
を図っている。

答　（2）

(Point) ➡ IPv 6→IPアドレスの枯渇問題から解放

【問題3】 試験に出ました！

IPアドレスの表現方法であるクラスCに関する記述として，適当なものはどれか。

（1）マルチキャストに対応したネットワークを構築する場合に使用する。

（2）ホストアドレス部が16ビットのネットワークを構築する場合に使用する。

（3）ホストが254台以下のネットワークを構築する場合に使用する。

（4）IPv6に対応したネットワークを構築する場合に使用する。

〔解説〕

IPアドレスはクラスA〜クラスEの5つのアドレスクラスに分類される。このうちクラスCは，ホストが254台以下のネットワークを構築する場合に使用する。

（1）はクラスD，（2）はクラスB，（4）に関連して，クラスA〜CはIPv4に対応したネットワークを構築する場合に使用する。　　　　　　　答　（3）

(Point) ➡ IPアドレス（クラスC）→ホスト254台以下

【問題4】 試験に出ました！

LANに繋がっている端末のIPアドレスが「192.168.3.121」でサブネットマスクが「255.255.255.224」のとき，この端末のホストアドレスとして，適当なものはどれか。

（1）9　　　（2）25　　　（3）121　　　（4）249

〔解説〕

IPアドレスが「192.168.3.121」，サブネットマスクが「255.255.255.224」のときのネットワークアドレスとホストアドレスを求めると，表のようになる。

IPアドレス	10進数表記	192	168	3	121
	2進数	11000000	10101000	00000011	011 11001
サブネットマスク	10進数表記	255	255	255	224
	2進数	11111111	11111111	11111111	111 00000
ネットワークアドレス	サブネットマスクが1の部分だけを取り出す	192	168	3	0
ホストアドレス	サブネットマスクが0の部分だけを取り出す				11001 ↓
ホストアドレスの 10進数表記					25

答　（2）

Point → ホストアドレス→IPアドレスとサブネットアドレスから算出

第2編
電気通信設備

【問題5】　試験に出ました！

インターネットで使われている技術に関する記述として，適当でないものはどれか。

（1）DHCP サーバとは，ドメイン名を IP アドレスに変換する機能を持つサーバである。

（2）ルーティングとは，最適な経路を選択しながら宛先 IP アドレスまで IP パケットを転送していくことである。

（3）プロキシサーバとは，クライアントに変わってインターネットにアクセスする機能を持つサーバである。

（4）CGI とは，Web ブラウザからの要求に応じて Web サーバがプログラムを起動するための仕組みである。

解説

DHCP（Dynamic Host Configuration Protocol）サーバとは，LAN などの閉じ

たネットワーク内で，使用できる IP アドレスの中から，未使用の IP アドレスを選んで，クライアントに自動的に割り振る機能である。ドメイン名を IP アドレスに変換する機能を持つサーバは DNS サーバである。　　　答　（1）

(Point) ➡ DHCPサーバ→未使用のIPアドレスの割り振り

【問題6】 試験に出ました！

TIP ネットワークで使用される OSPF の特徴に関する記述として，適当なものはどれか。

- （1）経路判断に通信帯域などを基にしたコストと呼ばれる重みパラメータを用いる。
- （2）ディスタンスベクタ型のルーティングプロトコルである。
- （3）30 秒ごとに配布される経路制御情報が 180 秒間待っても来ない場合には接続が切れたと判断する。
- （4）インターネットサービスプロバイダ間で使われるルーティングプロトコルである。

解説

OSPF は，TCP/IP ネットワークで用いられるルーティングプロトコル（経路制御プロトコル）の一つである。

- （2）OSPF（Open Shortest Path First）は**リンク状態型（リンクステート型）**のルーティングプロトコルで，宛先までのコスト値の合計が最も小さい経路を選択する。

  RIP（Routing Information Protocol）は**距離ベクトル型（ディスタンスベクタ型）**のルーティングプロトコルで，宛先までのホップ数（通過ルータ数）が最も少ない経路を選択する。

- （3）RIP では，30 秒ごとに配布される経路制御情報が 180 秒間待っても来ない場合にはルータはその経路情報をルーティングテーブルから削除する。OSPF では接続を確認するため，LAN では**通常 10 秒に 1 回 HELLO パ**ケットを送信する。3 回までは待つが **4 回（40 秒）待っても返事が来ないときには**接続が切れたと判断する。

- （4）OSPF は，主に一般企業や ISP（インターネットサービスプロバイダ）などの内部ネットワークを制御するために利用されている。

（参考）｜スタティックルーティングとダイナミックルーティング｜

　IP ネットワークにおいて経路情報を管理する手法には，**スタティックルーティングとダイナミックルーティング**がある。スタティックルーティングは，それぞれのルータ内に手動で経路情報を設定する手法で，経路情報は基本的にルーティングテーブルより消えることはない。ダイナミックルーティングは，RIP や OSPF などのルーティングプロトコルを用いることによって経路情報をルータが自動学習する手法で，経路情報はダイナミックに更新される。

答　（1）

（ Point ）➡ ｜OSPF→リンク状態型のルーティングプロトコル｜

【問題7】　試験に出ました！

IP ネットワークで使用される VoIP に関する記述として，適当でないものはどれか。
　（1）アナログ信号である音声をデジタル信号に変換する符号化方式にG.711 がある。
　（2）音声データに負荷するヘッダとして，IP ヘッダ，UDP ヘッダ，RTPヘッダがある。
　（3）IP 電話のシグナルプロトコルで用いられる主要制御には，網アクセス制御，呼制御，端末間制御がある。
　（4）フラグメンテーションは，特定パケットにフラグをつけることで音声パケットの遅延を少なくする制御方式である。

｜解説｜
ゲートウェイに音声とデータの IP パケットが押し寄せると渋滞になるため，その対策として音声の優先制御とデータのフラグメンテーションが行われる。

❶　｜音声の優先制御｜
　　ゲートウェイを通るデータよりも音声を優先させる手法である。データは遅延があっても到着側で組み立てればいいが，**音声はリアルタイムでの通信であるので遅延が許されず優先順位を高く設定する。**

❷　｜データのフラグメンテーション｜
　　フラグメンテーションには「かけら」という意味があり，「大きなものをかけらにする」ことを指している。大きな長さのデータ（パケット）がゲートウェイを通過するには時間がかかることから小さく分割し，その間に音声

第2編

電気通信設備

を通すようにする。 答 （4）

 Point → 音声の遅延を少なくする→音声の優先制御

【問題8】 ネットワークの QoS（帯域制御）で使用されるトラフィック制御方式に関する説明のうち，適切なものはどれか。

(1) 通信を開始する前にネットワークに対して帯域などのリソースを要求し，確保の状況に応じて通信を制御することを，アドミッション制御という。

(2) 入力されたトラフィックが規定された最大速度を超過しないか監視し，超過分のパケットを破棄するか優先度を下げる制御を，シェーピングという。

(3) パケットの送出間隔を調整することによって，規定された最大速度を超過しないようにトラフィックを平準化する制御を，ポリシングという。

(4) フレームの種類やあて先に応じて優先度を変えて中継することを，ベストエフォートという。

解説

QoS（Quality of Service）は，ネットワーク上において，ある特定の通信のための帯域を予約して，一定の通信速度を保証する技術である。（2）は ポリシング ，（3）は シェーピング ，（4）は 優先制御 に関する説明である。なお， ベストエフォート とは，「通信網は最善を尽くすが利用状況によっては通信の品質を保証しない」というサービス方針のことをいう。 答 （1）

Point → アドミッション制御→余裕があれば要求を受付ける

【問題9】
VLAN に関する記述として，適当なものはどれか。

(1) 暗号化やトンネリングによりセキュリティを確保することで，インターネット上で仮想的な専用回線を構築するものである。

(2) 複数のプライベート IP アドレスとポート番号を1個のグローバル IP アドレスと任意のポート番号に変換するものである。

(3) スマートフォンなどの携帯端末をアクセスポイントのように用いて，

　　パソコン等をインターネットに接続するものである。
（4）物理的に1台のスイッチングハブを，論理的に複数のスイッチングハ
　　ブとして利用するものである。

解説

（1）**IPsec（IP Security Architecture）**は，暗号化やトンネリングにより
　　セキュリティを確保することで，インターネット上で仮想的な専用回線
　　を構築するために考えられた VPN 接続方式である。

（2）**NAPT（Network Address Port Translation）**は，複数のプライベー
　　ト IP アドレスとポート番号を1個のグローバル IP アドレスと任意の
　　ポート番号に変換するものである。これに対し，1個のプライベート IP
　　アドレスを1個のグローバル IP アドレスに変換するのは NAT
　　（Network Address Translation）である。

（3）**テザリング（Tethering）**は，スマートフォンなどの携帯端末をアクセ
　　スポイントのように用いて，パソコン等をインターネットに接続するも
　　のである。

（4）**VLAN（Virtual LAN：仮想 LAN）**は，物理的に1台のスイッチングハ
　　ブを，あたかも複数のスイッチングハブがあるかのように見せる技術で
　　ある。換言すると，1台の物理スイッチを，複数の仮想スイッチに分割
　　する技術である。

第2編

電気通信設備

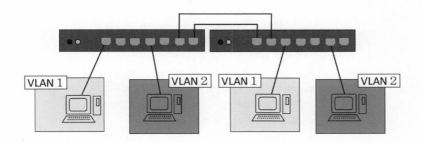

答　（4）

Point ➡ VLAN→1台で複数のスイッチングハブに見せる

第2節 ネットワークセキュリティ ☆☆☆

【問題1】 暗号方式には共通鍵暗号方式と公開鍵暗号方式がある。共通鍵暗号方式の特徴として，適切なものはどれか。

（1）暗号化通信する相手が1人のとき，使用する鍵の数は公開鍵暗号方式よりも多い。

（2）暗号化通信に使用する鍵を，暗号化せずに相手へ送信しても安全である。

（3）暗号化や復号に要する処理時間は，公開鍵暗号方式よりも短い。

（4）鍵ペアを生成し，一方の鍵で暗号化した暗号文は他方の鍵だけで復号できる。

解説

（1）共通鍵暗号方式は2人が共通の鍵を使用するので使用する鍵の数は1つである。公開鍵暗号方式では公開鍵と秘密鍵のペアを使用するため使用する鍵の数は2つ必要である。このため，共通鍵暗号化方式の方が鍵の数は少ない。

（2）共通鍵が漏えいした場合には，通信の秘匿を保てないので安全とはいえない。

（4）鍵ペアを生成し，一方の鍵で暗号化した暗号文を他方の鍵だけで復号できるのは公開鍵暗号方式である。共通鍵暗号方式では鍵ペアを作成することはない。

答　（3）

暗号化の目的は，機密性，完全性，相手認証，否認拒否，アクセス制御だね！

（**Point**）➡ 共通鍵暗号方式→鍵ペアを作成しない

【問題2】　暗号化方式の名称に関する記述のうち，共通鍵方式に分類されるものはどれか。

　　（1）DES　　　（2）RSA　　　（3）エルマガル暗号　　　（4）だ円曲線暗号

解説

（2）**RSA** は公開鍵暗号方式で，けた数の大きな数の素因数分解には膨大な時間がかかることを利用したものである。

（3）**エルガマル暗号**は公開鍵暗号方式で，非常に大きな数の離散対数問題を解くことが困難であることを利用したものである。

（4）**だ円曲線暗号**は公開鍵暗号方式で，だ円曲線上の離散対数問題を解くことが困難であることを利用したものである。　　　　　　　　答　（1）

Point　➡　DES→共通鍵方式

【問題3】　メッセージ認証符号（MAC）におけるメッセージダイジェストの利用目的として，適当なものはどれか。

　　（1）メッセージが改ざんされていないことを確認する。

　　（2）メッセージの暗号化方式を確認する。

　　（3）メッセージの概要を確認する。

　　（4）メッセージの秘匿性を確保する。

解説

メッセージ認証符号は，通信コードの改ざんの有無を検知し，完全性を保証するために通信データから生成する固定長コードである。　　　　　答　（1）

Point　➡　メッセージダイジェスト→メッセージの改ざん確認

【問題4】　暗号化方式について述べた次の記述のうち，適切でないものはどれか。

　　（1）DES は，共通鍵暗号方式の一つである。

　　（2）RSA は公開鍵暗号方式の一つである。

　　（3）共通鍵暗号方式は，複雑な計算を必要とするため，公開鍵暗号方式に比べて暗号化・復号処理に時間がかかる。

　　（4）共通鍵暗号方式は，送信側と受信側が同じ共通鍵をもっている必要が

ある。

解説

公開鍵暗号方式は，複雑な計算を必要とするため，共通鍵暗号方式に比べて暗号化・復号処理に時間がかかる。　　　　　　　　　　　　　　答　（3）

 Point ➡ 公開鍵暗号方式→デジタル署名に利用

【問題5】　試験に出ました！

無線 LAN の認証で使われる規格 IEEE802.1X に関する記述として，適当でないものはどれか。

（1）EAP − PEAP は，TLS ハンドシェイクの仕組みを利用する認証方式である。

（2）EAP − TLLS のクライアント認証は，ユーザ名とパスワードにより行う。

（3）EAP − MD5 は，サーバ認証とクライアント認証の相互認証である。

（4）EAP − TLS のクライアント認証は，クライアントのデジタル証明書を検証することで行う。

解説

❶　EAP（Extensible Authentication Protocol）は，IEEE802.1X に規定されるフレームワークにおいて，どの認証方式を用いるかを指定するプロトコルである。

❷　EAP のうち，無線 LAN では EAP − TLS による認証方式が一般である。

❸　EAP − MD5 は，ユーザ名とパスワードを MD5 ハッシュで暗号化する方式である。

❹　EAP − MD5 ではクライアント側のみの認証を行う**片方向認証**で証明書を利用しないため，他の EAP に比べセキュリティ面で脆弱である。

　　　　　　　　　　　　　　　　　　　　　　　　　　　　　答　（3）

 Point ➡ EAP−MD5→クライアント側のみの認証

第4章 情報設備

第1節　コンピュータ設備　☆☆☆

【問題1】　コンピュータを構成する一部の機能の説明として，適切なものはどれか。
- （1）演算機能は制御機能からの指示で演算処理を行う。
- （2）演算機能は制御機能，入力機能および出力機能とデータの受渡しを行う。
- （3）記憶機能は演算機能に対して演算を依頼して結果を保持する。
- （4）記憶機能は出力機能に対して記憶機能のデータを出力するように依頼を出す。

解説
- （2）演算機能が入力機能および出力機能とデータの受渡しを行う場合には，制御機能を介して行う。
- （3）制御機能が記憶機能内の命令を取り出し，この命令を演算機能が実行する。
- （4）記憶機能のデータを出力するように依頼を出すのは，制御機能である。

答　（1）

Point → 演算機能→制御機能からの指示で演算処理をする

【問題2】　あるプロセッサが主記憶装置およびキャッシュメモリにアクセスするとき，それぞれのアクセス時間は 60 [ns]および 10 [ns]である。アクセスするデータがキャッシュメモリに存在する確率が 80 [%]の場合，このプロセッサの平均アクセス時間 [ns] として，適切なものはどれか。
- （1）14　　（2）20　　（3）50　　（4）70

解説
必要なデータがキャッシュメモリ上に存在する確率（ヒット率 α）が 0.8 で，必要なデータがキャッシュメモリ上に存在しない確率（NFP $= 1 - \alpha$）が 0.2 である。

したがって，このプロセッサの平均アクセス時間 T は，
$$T = 10 \times 0.8 + 60 \times 0.2 = 8 + 12 = 20 \ [\text{ns}]$$

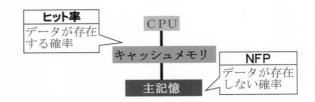

＊NFP：Not Found Probability　　　　　　　　　　　答　（2）

Point ➡ ヒット率＋NFP＝1

【問題3】　フラッシュメモリに関する記述として，適切なものはどれか。
- （1）格納しているデータを保持する処理が不要なメモリであり，データを速く読み出せるので，キャッシュメモリとしてよく用いられる。
- （2）紫外線で全内容を消して書き直せるメモリである。
- （3）主記憶に広く使われており，記憶内容を保っておくためにデータの再書き込みを常に行う必要がある。集積度が高く，記憶容量当たりのコストが安い。
- （4）バックアップ電源が不要で，電気的に全部または一部分を消して内容を書き直せるメモリである。

解説
フラッシュメモリは ROM の一種の EEPROM であり，バックアップ電源は不要である。特殊な方法（電気的な方法）で，内容を消去して書き直すことができる。
（1）は SRAM，（2）は EPROM，（3）は DRAM の説明である。　答　（4）

Point ➡ フラッシュメモリ→内容の消去・書き直しができる

【問題4】　**試験に出ました！**
仮想化技術に関する次の記述に該当する名称として，適当なものはどれか。
　「仮想マシンで稼働している OS を停止させることなく，別の物理ホストに移動させる技術」
- （1）クラスタリング
- （2）オペレーティングシステム

（3）ライブマイグレーション

（4）パーティショニング

解説

（1）の**クラスタリング**は，同じ構成のコンピュータを相互接続し，外部に対して全体で1台のコンピュータであるかのように振る舞わせることである。

（2）の**オペレーティングシステム**（OS）は，コンピュータでプログラムの実行を制御するためのソフトウェアである。

（4）の**パーティショニング**は，データを複数に分割して格納することをいい，データを分割することによって性能や運用性が向上し，故障の影響を局所化できる。

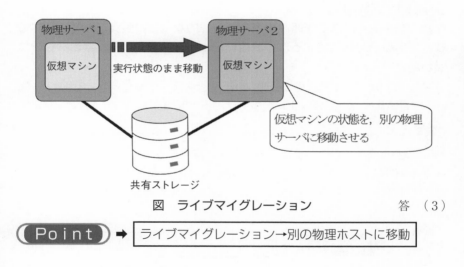

共有ストレージ

図　ライブマイグレーション　　　　　　　答　（3）

Point ➡ ライブマイグレーション→別の物理ホストに移動

【問題5】 **試験に出ました！**

仮想記憶システムでスワップイン，スワップアウトが繰り返されることでコンピュータの性能が急激に低下するスラッシングの防止対策に関する記述として，適当でないものはどれか。

（1）プログラム処理の多重度を下げる。

（2）メモリ消費量が大きいプログラムを停止する。

（3）主記憶容量を増やす。

（4）ハードディスクを増設する。

第2編

電気通信設備

解説

仮想記憶システムとは，ハードディスクなどの外部記憶装置の一部を，物理メモリの一部であるかのようにして，システムに搭載された物理メモリ容量を超えた仮想メモリ領域をアプリケーションに対して提供できるようにしたシステムのことである。また，スラッシングは，実行中のプログラムのメモリ消費量に対して，コンピュータが搭載する主記憶容量が不足することにより生じるのでハードディスクの増設は関係しない。　　　　　　　　　　　答　（4）

 Point → 仮想記憶システム→物理メモリ容量を超える

【問題6】 **試験に出ました！**

複数のハードディスクを組み合わせて仮想的な1台の装置として管理する技術であるRAIDに関する次の記述に該当する名称として，適当なものはどれか。

「2台のハードディスクにまったく同じデータを書き込む方式」

（1）RAID 0　　　　（2）RAID 1　　　　（3）RAID 3　　　　（4）RAID 5

解説

「2台のハードディスクにまったく同じデータを書き込む方式」は，ミラーリングを利用したもので，RAID 1である。RAID 1の採用によって，1台のハードディスクの故障があっても，他の1台のハードディスクに自動的に切り替えられる。　　　　　　　　　　　答　（2）

 Point → RAID 1→ミラーリングを利用

【問題7】 RAID技術のうち，RAID 5に関する記述として，適切なものはどれか。

　（1）分散した磁気ディスクにビット単位でデータを書き込み，さらに1台の磁気ディスクにパリティビットを書き込む。

　（2）分散した磁気ディスクにブロック単位でデータを書き込み，さらに1台の磁気ディスクに集中してパリティブロックを書き込む。

　（3）分散した磁気ディスクにブロック単位でデータを書き込み，さらに複数の磁気ディスクに分散してパリティブロックを書き込む。

　（4）ミラーディスクのことである。

解説

RAID は，ディスクを並列に接続し，複数のディスクをグループ単位で1つの記憶装置として扱う方式である。

（1）は RAID 3，（2）は RAID 4，（4）は RAID 1 に関する説明である。

RAID 0 は，ストライピングと呼ばれ，2台のディスクにデータを交互に書き込み2台のディスクを1台に見せる。RAID 2 はデータを記憶する磁気ディスクとは別にエラー訂正符号によるチェック用のディスクを割り当てて，障害の防止とエラーの訂正も行える。　　　　　　　　　　　　　答　（3）

 Point ➡ RAID 5→パリティ付きストライピング

【問題8】　パリティ専用の磁気ディスク装置をもち，ブロック単位のストライピングを行う RAID の方式として，適当なものはどれか。

（1）RAID 1
（2）RAID 3
（3）RAID 4
（4）RAID 5

解説

RAID 3 は，データのエラーの訂正用にパリティビットを使用し，1つのディスクをエラー訂正符号の書き込み専用とする。RAID 4 は，RAID 3 でビット/バイト単位だったストライピングをブロック単位で行う。　　　　答　（3）

 Point ➡ RAID→データを複数のハードディスクに分散

【問題9】　クライアントサーバシステムに関する記述として，適当なものはどれか。

（1）あるサービスを提供するサーバは，別のサーバのクライアントにはなれない。
（2）クライアントサーバシステムは，必ず複数台のサーバから構成されている。
（3）クライアントとサーバは，LAN だけでなく WAN でも接続することができる。
（4）1つのサービスを提供するサーバは1台だけである。

解説 ......

サーバは別のサーバのクライアントになれ，１台のときも複数台のときもある。また，負荷が高いときは複数台でサービスを提供する。　　　答　（３）

(**Point**) → クライアントとサーバ→LAN・WANへ接続可能

【問題10】 **試験に出ました！**

信頼性設計の考え方であるフェールセーフに関する記述として，適当なものはどれか。

(１) 構成部品の品質を高めたり，十分なテストを行ったりして，故障や障害の原因となる要素を取除くことで信頼性を向上させることである。

(２) 故障や操作ミス，設計上の不具合などの障害が発生することをあらかじめ予測しておき，障害が生じてもできるだけ安全な状態に移行する仕組みにすることである。

(３) システムの一部に障害が発生しても，予備系統への切り替えなどによりシステムの正常な稼働を維持することである。

(４) 利用者が操作や取り扱い方を誤っても危険が生じない，あるいは，誤った操作や危険な使い方ができないような構造や仕掛けを設計段階で組み込むことである。

解説 ......

(１) は**フォールトアボイダンス**である。フォールト（Fault）はシステムの構成要素が正常でない状態で，アボイダンス（Avoidance）はそれを避けることの意味がある。フォールトトレランスと組み合わせることで，信頼性を確保できるようになる。

(３) は**フォールトトレランス**で，ネットワークＯＳの分野での具体的な適用としてディスク・ミラーリングやディスク・デュプレキシングなどがある。

(４) は**フールプルーフ**である。具体例として，電池ボックスでは正しい向きにしか電池が入らないように設計されている。　　　答　（２）

(**Point**) → フェールセーフ→障害発生時は安全状態に移行する

第2節　情報システム　☆☆☆

【問題1】　パケット交換方式に関する次の記述のうち，[　　　]内に当てはまる字句の組合せで，適切なものはどれか。

「パケット交換方式は，端末相互間で直接情報の送受がされず，[　A　]がいったん情報を蓄積し，パケットと呼ばれる既定の長さの単位ごとに分割し，それぞれに宛先情報などが付けられて，[　B　]多重方式で回線網内を転送し，最後に元の形に再編集されて，相手方の端末に送り届ける通信方式である。」

	A	B
（1）	送信側端末	時分割
（2）	送信側端末	周波数分割
（3）	交換機	周波数分割
（4）	交換機	時分割

解説

パケット交換方式は，端末相互間で直接情報の送受がされず，[交換機]がいったん情報を[蓄積]し，パケットと呼ばれる既定の長さの単位ごとに分割し，それぞれに宛先情報などが付けられて，[時分割]多重方式で回線網内を転送し，最後に元の形に再編集されて，相手方の端末に送り届ける通信方式である。

答　（4）

Point ➡ パケット交換方式→交換機に情報の蓄積機能あり

【問題2】　パケット交換方式に関する記述として，誤っているものは次のうちどれか。

（1）インターネットにおける通信で使われている方式である。
（2）通信相手との回線を確立しないため，通信経路を占有することはない。
（3）通信量は，実際に送受信したパケットの数やそのサイズを基にして算出される。
（4）パケットのサイズを超える動画などの大容量データ通信には利用できない。

解説

大容量データはパケット単位に分割して転送されるので，パケットのサイズを

116

超える動画などの大容量データ通信にも利用できる。　　　答　（4）

（Point） ➡ パケット交換→動画など大容量データ通信ができる

【問題3】　電話・情報設備に関する図記号と名称の組合せとして，「日本産業規格（JIS）」上，誤っているものはどれか。

	図記号	名称
（1）	PBX	交換機
（2）	―	端子盤
（3）	IDF	本配線盤
（4）	ATT	局線中継台

解説

（1）のPBXは構内交換機のことである。（3）のIDFは中間配線盤であり，本配線盤はMDF（Main Distribution Frame）である。（4）のATTは局線中継台である。　　　答　（3）

 （Point） ➡ （MDF）は本配線盤，　（IDF）は中間配線盤

【問題4】　電話用室内端子盤に関する記述として，不適当なものはどれか。
（1）室内端子盤は，電話機までの距離が20 m以内となるような箇所に設ける。
（2）室内端子盤は，下端が床面から20 cmの箇所に設ける。
（3）室内端子盤に接続するケーブル用配管は，端子盤の縦・横方向の中央部を避ける。
（4）室内端子盤の端子対数は，出ケーブルと入ケーブルの対数の合計とする。

解説

室内端子盤では接続切替をしないので，端子盤の対数は入ケーブルの対数見合いでよい。　　　答　（4）

 （Point） ➡ 室内端子盤の対数→入ケーブルの対数見合い

【問題5】　試験に出ました！

総合デジタル通信網（ISDN）における回線交換方式に関する記述として，適当でないものはどれか。

（1）パケット交換方式に比べ回線の利用効率が高い。

（2）通信時間中は，接続された回線を占有して使用する。

（3）データ伝送要求が発生するたびに物理的な伝送路を設定する。

（4）送受信側双方の通信速度，伝送制御方式が同じでなければならない。

解説

1本の回線をユーザが共有して有効に使用することができるパケット交換方式の方が，回線の利用効率が高い。　　　　　　　　　　　　　答　（1）

Point　➡　回線の利用効率：パケット交換方式＞回線交換方式

第2編

電気通信設備

第3節　システムセキュリティ ☆☆☆

【問題1】　インターネット接続において，セキュリティを確保するために使用されるファイアウォールの機能に関する記述として，適当なものはどれか。

- （1）TCP/IP プロトコルによるアクセスを制御することができるが，内部ネットワークで使用しているＩＰアドレスの隠ぺいはできない。
- （2）インターネットから内部ネットワークへの直接アクセスは阻止するが，内部ネットワークからインターネットへのアクセスは許可する。
- （3）不正侵入され，改ざんされたデータを自動修正して元のデータに復元する。
- （4）不正侵入したコンピュータウイルスを自動発見する。

解説

ファイアウォールは，インターネットから内部ネットワークへの直接アクセスは阻止するが，内部ネットワークからインターネットへのアクセスは許可する。

ファイアウォールのしくみには，パケットフィルタリング方式とアプリケーションゲートウエイ方式がある。　　　　　　　　　　　　　　　　答　（2）

Point ➡ ファイアウォール→外部からの不正アクセスを遮断

【問題2】　セキュリティホールに関する記述のうち，適切でないものはどれか。

- （1）プログラムの不具合などのために，本来の接続手順を踏まずにアクセスを許してしまうなどのセキュリティ上の弱点は，セキュリティホールといわれる。
- （2）セキュリティホールを放置した場合，不正アクセス，データの改ざんなどの攻撃を受ける可能性が高まる。
- （3）セキュリティホールを塞ぐには，一般に，OS，アプリケーションなどのアップデートが有効である。
- （4）ウイルス対策ソフトウェアをインストールし，ウイルス定義ファイルの定期的なアップデートを行った上でウイルス検査を実施することにより，ほとんどのセキュリティホールを塞ぐことができる。

解説

ウイルス対策ソフトウェアは，コンピュータウイルスを特定して除去するものであって，OS やアプリケーションなどのセキュリティホールを塞ぐことはできない。　　　　　　　　　　　　　　　　　　　　　　　　　　　　答　（4）

 Point → ウイルス対策ソフト→ウイルスの特定・除去

【問題3】　企業の情報セキュリティポリシーの基本方針策定に関する記述のうち，適切なものはどれか。
（1）業種ごとに共通であり，各企業で独自のものを策定する必要性は低い。
（2）システム管理者が策定し，システム管理者以外に知られないよう注意を払う。
（3）情報セキュリティに対する企業の考え方や取り組みを明文化する。
（4）ファイアウォールの設定内容を決定し，文書化する。

解説

（1）情報セキュリティポリシーは同業他社のものを参考にすることはあるが，各企業で業務状況に合わせて独自のものを策定する必要がある。
（2）一般の職員にも情報セキュリティポリシーを公開する必要がある。
（4）ファイアウォールの設定内容などは情報セキュリティポリシーの基本方針ではなく，実施手順に記載されるものである。　　　　　　　答　（3）

 Point → 情報セキュリティポリシー→明文化する

【問題4】　コンピュータ犯罪の代表的な手口に関する次の記述のうち，適当なものはどれか。
（1）サラミ法とは，多数の資産から，全体への影響が無視できる程度にわずかずつ詐取する方法である。
（2）スキャビンジング（ごみ箱あさり）とは，電話機や端末を使用してコンピュータネットワークからデータを盗用する方法である。
（3）盗聴とは，音声の伝送を行っている電話回線への不正アクセスに用いられる犯罪手口のことであり，コンピュータデータを対象としない。
（4）トロイの木馬とは，プログラム実行後のコンピュータ内部，またはその周囲に残っている情報をひそかに入手する方法である。

解説

コンピュータ犯罪についての記述のうち，誤った選択肢の正しい名称は次のとおりである。

（2）スキャビンジングでなく，**盗聴**である。

（3）盗聴でなく，**漏えい**である。

（4）トロイの木馬でなく，**スキャビンジング**である。

（参考）マルウエア（Malware）

　マルウエアは**悪意のあるソフトウエアの総**称で，広義のウイルスである。

マルウエアは怖いね！

　マルウエアには，ウイルス，ワーム，トロイの木馬，ボットなどがある。

答　（1）

Point ➡ トロイの木馬や電子メール爆弾→破壊行為

【問題5】 マクロウイルスに関する記述として，適切なものはどれか。

（1）PC の画面上に広告を表示させる。

（2）ネットワークで接続されたコンピュータ間を，自己複製しながら移動する。

（3）ネットワークを介して，他人の PC を自由に操ったり，パスワードなど重要な情報を盗んだりする。

（4）ワープロソフトや表計算ソフトのデータファイルに感染する。

解説

マクロウイルスは，ワープロソフトや，表計算ソフトに組み込まれているプログラム実行機能（マクロ）を悪用したウイルスで，不正なプログラムが仕込まれたファイルを開くことによって感染し，自己増殖してファイルや設定を書き換えるなどの破壊活動をする。

（1）はアドウェア，（2）はワーム，（3）はスパイウェアやボットについての説明である。

答　（4）

Point ➡ マクロウイルス→データファイルに感染

第5章．放送機械設備

第1節　放送設備　☆☆☆

【問題1】　試験に出ました！

我が国の地上デジタルテレビ放送の放送電波に関する記述として，適当でないものはどれか。

(1) 地上デジタルテレビ放送は，13〜52チャンネルの周波数（470 MHz〜710 MHz）を使用している。

(2) 地上デジタルテレビ放送の放送区域は，地上高10 mにおいて電界強度が0.3 mV/m（50 dBμV/m）以上である地域と定められている。

(3) 地上デジタルテレビ放送では，チャンネルの周波数帯域幅6 MHzを14等分したうちの13セグメントを使用している。

(4) 地上デジタルテレビ放送でモード3，64 QAMの伝送パラメータで単一周波数ネットワーク（SFN）を行った場合を考慮し，送信周波数の許容差は1 Hzと規定されている。

【解説】

地上デジタルテレビ放送の放送区域は，地上高10 mにおいて**電界強度が1 mV/m（60 dBμV/m）以上**である地域と定められている。　　　答　（2）

(Point) ➡ 地上デジタルTVの放送区域

→地上高10 mで電界強度1 mV/m以上の地域

【問題2】　CATV回線を用いたデータ伝送（インターネット接続サービスなど）の特徴に関する記述のうち，適切なものはどれか。

(1) 回線によって各端末がセンターとスター型に接続されているので，端末同士の接続サービスが容易に実現できる。

(2) ケーブルモデムを利用することによって，下り方向については数Mbpsを超える高速伝送が可能である。

(3) データ伝送を行うためには，回線に光ファイバケーブルを使用しなければならない。

第2編

電気通信設備

（4）上り方向・下り方向とも回線速度が同じであり，双方向通信に最適である。

解説 ....

（1）回線によって各端末がセンターとツリー型に接続されている。

（3）データ伝送を行うには，回線は光ファイバケーブルでも同軸ケーブルでもよい。

（4）上り方向の方が下り方向に比べて帯域が狭く回線速度が遅いが，双方向通信はできる。　　　　　　　　　　　　　　　　　　　　　　　　答　（2）

（Point） ➡ 下り方向→高速データ伝送が可能

【問題3】　テレビ共同受信設備に用いる配線図記号と名称の組合せとして，「日本産業規格（JIS）」上，誤っているものはどれか。

	図記号	名　称
（1）	⊃◁	パラボラアンテナ
（2）	▷	増幅器
（3）	⊕	4分配器
（4）	◎	直列ユニット（75 Ω）

解説 ....

（3）の記号⊕は4分岐器であり，4分配器の記号は ⊙ である。**分配器**が信号を均等に分けるのに対し，**分岐器**は幹線から信号の一部を取り出す。

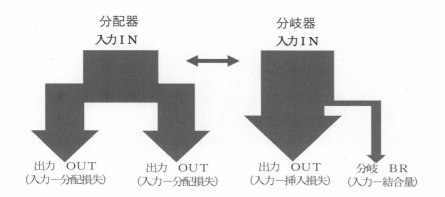

答　（3）

Point → 4分岐器：─◆─4　分配器：─◆

【問題4】　試験に出ました！

テレビ共同受信設備に関する記述として，適当でないものはどれか。

（1）テレビ共同受信設備は，受信アンテナ，増幅器，混合器（分波器），分岐器，分配器，同軸ケーブルなどで構成される。

（2）増幅器は，受信した信号の伝送上の損失を補完し信号の強さを必要なレベルまで増幅するものである。

（3）混合器は，UHF，BS・CSの信号を混合するものである。

（4）分配器は，幹線の同軸ケーブルから信号の一部を取り出すものである。

解説

分配器は，信号を均等に分けるために使用するものである。幹線の同軸ケーブルから信号の一部を取り出すのは分岐器である。なお，（3）の混合器を逆に接続すると分波器となり，UHF，BS・CSの信号を分波させることができる。

（参考）受信アンテナの施工上の留意点

❶　アンテナマストは，風速60 m/sの風圧に耐えるように堅固に施設する。

❷　避雷針の保護角に入る位置で，避雷針などから1.5 m以上離しておく。

答　（4）

Point → 分配器：信号を均等に分配

124

【問題5】 テレビ共同受信設備に関する記述として，適当でないものはどれか。

（1） 直列ユニットの結合損失は，中間ユニットの方が端末ユニットより小さい。

（2） 分配損失は，2分配器の方が4分配器より小さい。

（3） 同じ同軸ケーブルを使用した場合，UHFの方がVHFより減衰量は大きい。

（4） 同軸ケーブルの減衰量は，S－5C－FBの方がS－7C－FBより大きい。

解説

直列ユニットの結合損失は，中間ユニットの方が端末ユニットより大きい。

答 （1）

（参考） ダミー抵抗：分岐器や分配器で使用しない端子がある場合，そこでインピーダンスが乱れて反射波が発生する。この対策としてダミー抵抗（終端抵抗器）をつける。

 Point ➡ 直列ユニットの結合損失：中間＞端末

【問題6】 図に示すテレビ共同受信設備において，増幅器出口から末端Aの直列ユニットのテレビ受信機接続端子までの総合損失として，正しいものはどれか。

ただし，増幅器出口から末端Aまでの同軸ケーブルの長さ：20m

同軸ケーブルの損失：0.2dB/m

分配器の分配損失 ：4.0dB

直列ユニット単体の挿入損失： 2.0dB

直列ユニット単体の結合損失：12.0dB

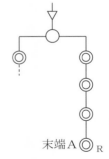

末端A

（1）22.0dB　（2）24.0dB　（3）26.0dB　（4）28.0dB

解説

増幅器出口から末端Aの直列ユニットのテレビ受信機接続端子までの総合損失Lは，次のように求められる。

①分配器の分配損失　4.0 dB × 1 台 = 4.0 dB

②直列ユニット単体の挿入損失　2.0 dB × 3 台 = 6.0 dB

③直列ユニット単体の結合損失　12.0 dB × 1 台 = 12.0 dB

④同軸ケーブルの損失 0.2 dB/m × 20 m = 4.0 dB

L = 損失①＋損失②＋損失③＋損失④

　 = 4.0＋6.0＋12.0＋4.0 = 26.0 ［dB］

答　（3）

(Point) ➡ 総合損失＝（分配＋挿入＋結合＋ケーブル）損失

(参考) 1 系統の直列ユニットの接続数は，一般に 8 個までとしておく。

このタイプの問題
マスターできまし
たか？

【問題7】　利得に関する次の記述のうち，適当でないものはどれか。

（1）1 ［mW］を 0 ［dB］とした場合，1 ［W］の電力は 30 ［dB］である。

（2）1 ［μV/m］を 0 ［dB］とした場合，0.5 ［mV/m］の電界強度は 54 ［dB］である。

（3）出力電力が入力電力の 300 倍になる増幅回路の利得は 27 ［dB］である。

（4）電圧比で最大値から 6 ［dB］下がったところのレベルは，最大値の 1/2 になる。

解説

（1）1 ［W］ = 1000 ［mW］であるので，

電力利得　$10 \log_{10} \dfrac{1000 \ [\text{mW}]}{1 \ [\text{mW}]} = 10 \log_{10} 1000$

$$= 10 \log_{10}10^3 = 30 \; [\mathrm{dB}]$$

（2）電圧利得　$20 \log_{10}\dfrac{500 \; [\mu\mathrm{V/m}]}{1 \; [\mu\mathrm{V/m}]} = 20 \log_{10}\dfrac{1000}{2} = 20 \log_{10}10^3 - 20 \log_{10}2$

$$= 60 - 20 \times 0.3 = 60 - 6 = 54 \; [\mathrm{dB}]$$

（3）電力利得　$10 \log_{10}300 = 10 \log_{10}(3 \times 100) = 10 \log_{10} 3 + 10 \log_{10}100$

$$= 10 \times 0.477 + 10 \log_{10}100 = 4.77 + 10 \log_{10}10^2$$

$$= 4.77 + 20 = 24.77 \; [\mathrm{dB}]$$

（4）電圧比で最大値から 6 [dB] 下がったところのレベルは，最大値の 1/2
になる。

答　（3）

$$\log_{10} 2 \fallingdotseq 0.3 \qquad \log_{10} 3 \fallingdotseq 0.477$$

第2節　映像収集・提供設備　☆☆☆

【問題1】　試験に出ました！

液晶ディスプレイに関する記述として，適当でないものはどれか。

（1）液晶を透明電極で挟み，電圧を加えると分子配列が変わり，光が通過したり遮断したりする原理を利用したものである。

（2）液体と気体の中間の状態をとる有機物分子である液晶の性質を利用したものである。

（3）カラー表示を行うために，画素ごとにカラーフィルタが用いられる。

（4）液晶ディスプレイのバックライトには，LED や蛍光管ランプが用いられている。

解説

液晶は，固体（結晶）と液体の中間の状態をとるもので，液体ではあるが結晶と同様にある程度規則正しい分子配列をしている。　　　　　　　答　（2）

Point ➡ 液晶→固体と液体の中間の状態

【問題2】　試験に出ました！

有機 EL ディスプレイに関する記述として，適当なものはどれか。

（1）陽極と陰極との間に正孔輸送層，有機物の発光層および電子輸送層などを積層した構成からなっている。

（2）有機 EL 素子が電気的なエネルギーを受け取ると電子が基底状態にあり，励起状態に戻るときにエネルギーの差分が光として放出される現象を利用したものである。

（3）自発光型であり応答速度は遅いが，液晶ディスプレイよりも軽量化，薄型化が可能である。

（4）発光体の形状として面光源を有しているが，照明用途には適していない。

解説

（1）有機 EL ディスプレイは，3層（発光層，正孔輸送層，電子輸送層）の有機膜をガラス基板に蒸着して，陽極（アノード）と陰極（カソード）の間に直流電圧を印加すると発光しディスプレイが光る。

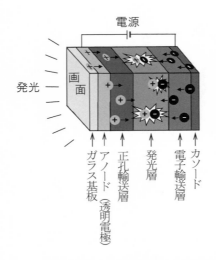

電源

発光

画面

ガラス基板
アノード（透明電極）
正孔輸送層
発光層
電子輸送層
カソード

図　有機ＥＬディスプレイの構造

（2）有機 EL は，有機分子が電流によってエネルギーの高い励起状態になり，それがエネルギーの低い基底状態に戻る際に発光する現象を利用している。

（3）有機 EL は自発光型であり応答速度は速く，液晶ディスプレイよりも軽量化，薄型化が可能である。

（4）発光体の形状として面光源を有しており，簡単に折り曲げられるフィルムタイプでの照明器具が開発されている。　　　　　　　　答　（1）

Point ➡ 有機ＥＬディスプレイ→3層構造

第6章 その他設備

第1節 データセンシングシステム ☆☆

【問題1】 ZigBee の特徴について，適切なものはどれか。

（1）2.4 GHz 帯を使用する無線通信方式であり，一つのマスターと最大七つのスレーブからなるスター型ネットワークを構成する。

（2）5.8 GHz 帯を使用する近距離の無線通信方式であり，有料道路の料金所の ETC などで利用されている。

（3）下位層に IEEE 802.15.4 を使用する低消費電力の無線通信方式であり，センサネットワークやスマートメータへの応用が進められている。

（4）広い周波数帯にデータを拡散することで高速な伝送を行う無線通信方式であり，近距離での映像や音楽配信に利用されている。

解説

（1）は Bluetooth，（2）は DSRC（Dedicated Short Range Communications：専用狭域通信），（4）は UWB（Ultra Wide Band：超広帯域無線）について説明したものである。 答 （3）

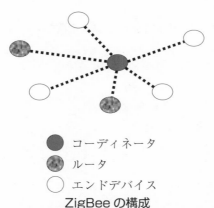

　　● コーディネータ
　　◉ ルータ
　　○ エンドデバイス
ZigBee の構成

Point → ZigBee（ジグビー）→Bluetoothより低速で近距離

【問題 2 】 Bluetooth の説明として，適切なものはどれか。

（1）1 台のホストは最大 127 台のデバイスに接続することができる。

（2）規格では，1,000 m 以上離れた場所でも通信可能であると定められている。

（3）通信方向に指向性があるので，接続対象の機器同士を向かい合わせて通信を行う。

（4）免許不要の 2.4 GHz 帯の電波を利用して通信する。

解説

Bluetooth は，ワイヤレスマウス，ゲーム機，ハンズフリー通話などに適用されている。赤外線無線通信の IrDA に比べて障害物に強い。

（1）1 台のホストは最大 7 台のデバイスに接続することができる。

（2）有効通信範囲の最大は 100 m 程度である。

（3）通信方向に指向性がないので，接続対象の機器のレイアウトや向きを自由に変更して通信できる。　　　　　　　　　　　　　　　　　　答　（4）

Point → Bluetooth→2.4 GHz帯の電波で免許は不要

【問題 3 】 IoT での活用が検討されている LPWA の特徴として，適切なものはどれか。

（1）2 線だけで接続されるシリアル有線通信で，同じ基板上の回路および LSI の間の通信に適している。

（2）60 GHz 帯を使う近距離無線通信で，4 K，8 K の映像などの大容量のデータを高速伝送することに適している。

（3）電力線を通信に使う通信技術で，スマートメータの自動検針などに適している。

（4）バッテリ消費量が少なく，一つの基地局で広範囲をカバーできる無線通信技術で，複数のセンサが同時につながるネットワークに適している。

解説

LPWA は，省電力であって，Wi-Fi や Bluetooth と比べてカバーできる範囲が広く，数 km 間の通信が可能である。小型デバイスを多数配置した広範囲の IoT ネットワークの運用を実現するための手段として欠かせない。　答　（4）

第2節　気象観測等システム ☆☆

【問題1】　試験に出ました！

雨量，水位などの水文観測に使用されるテレメータのデータ収集方式に関する記述として，適当でないものはどれか。

- （1）観測局呼出方式のテレメータのデータ収集は，監視局から観測局を一括または個別に呼び出して観測データを収集する方式である。
- （2）観測局自律送信方式のテレメータのデータ収集は，観測局自らが正定時に観測データを自動送信し，監視局でデータ収集する方式である。
- （3）観測局呼出方式のテレメータの一括呼出方式は，通常，監視局から呼出信号を観測局に送信し，呼出信号を受信した観測局が観測データを取り込み，即座に監視局に観測データを送信する方式である。
- （4）観測局自律送信方式のテレメータは，精度の高い時刻管理の下で単純な送受信動作を行うため収集時間の短縮，データの正時性確保，IP対応等のメリットはあるが，再呼出機能がないため，伝送回線の品質確保や欠測補填対策等が必要となる。

解説

観測局呼出方式のテレメータの一括呼出方式は，監視局から呼出信号を複数の観測局に送信して一括で呼出し，呼出信号を受信した観測局が観測データを取り込み，全局同一時刻の観測データをタイマで逐次監視局に送信する方式である。

答　（3）

Point ➡ 一括呼出方式→下りは一括送信で上りは逐次送信

【問題2】　試験に出ました！

レーダ雨量計で利用されているMPレーダ（マルチパラメータレーダ）に関する記述として，適当でないものはどれか。

- （1）MPレーダは，落下中の雨滴がつぶれた形をしている性質を利用し，偏波間位相差から高精度に降雨強度を推定している。
- （2）MPレーダは，水平偏波と垂直偏波の電波を交互に送受信して観測する気象レーダである。
- （3）偏波間位相差は，Xバンドの方が弱いから中程度の雨でも敏感に反応

するため，XバンドMPレーダは電波が完全に消散して観測不可能と
ならない限り高精度な降雨強度推定ができる。

（4）XバンドのMPレーダでは，降雨減衰の影響により観測不能となる領
域が発生する場合があるが，レーダのネットワークを構築し，観測不
能となる領域を別のレーダでカバーすることにより解決している。

解説

MPレーダ（マルチパラメータレーダ）は，水平偏波と垂直偏波を同時に発射
して観測する。　　　　　　　　　　　　　　　　　　　　　答　（2）

(Point) → MPレーダ→水平偏波と垂直偏波を同時に発射

レーダを用いて，雨の
強さと広がり具合(分布)
を観測しているよ！

第3節 その他設備 ☆☆

【問題1】 構内交換設備における局線応答方式に関する記述として，最も不適当なものはどれか。

(1) ダイヤルイン方式は，局線からの着信により直接内線電話機を呼び出す。

(2) 分散中継台方式は，局線からの着信応答や転送を任意の電話機から行う。

(3) ダイレクトインダイヤル方式は，局線からの着信を専任の交換手が中継台で応答し，該当する内線に転送する。

(4) ダイレクトインライン方式は，局線から交換装置に着信し，あらかじめ指定された内線を直接呼び出す。

解説

ダイレクトインダイヤル方式は，加入者の局線番号をダイヤルしたうえ，内線番号をダイヤルすることによって直接内線電話機を呼び出す。　　答　（3）

Point ➡ ダイレクトインダイヤル方式→局線番号＋内線番号

【問題2】 **試験に出ました！**

ダムなどの放流警報設備に関する記述として，適当でないものはどれか。

(1) 放流警報設備は，制御監視局装置，中継局装置，警報局装置から構成されるが，回路構成により中継局装置を配置しない場合もある。

(2) 警報局装置は，警報を伝達すべき地域に警報音の不感地帯が生じないように配置されているが，音の伝達は伝搬経路の環境や気象条件によっても影響を受けるため，悪天候時での警報も考慮することが求められる。

(3) 警報局装置は，警報装置，無線装置，空中線，スピーカ，サイレンおよび集音マイクなどにより構成されており，ダム管理所などからの制御監視によりサイレン吹鳴，疑似音吹鳴および音声放送などで警報を発する。

(4) 放流警報操作で使用する無線周波数帯は，警報局装置までの伝送経路として渓谷や山間部など地形的に見通せない場所も多いため，一般的に短波帯（HF）が使用される。

解説

放流警報操作で使用する無線周波数帯は，警報局装置までの伝送経路として渓谷や山間部など地形的に見通せない場所も多いため，山岳回折により山の裏側に伝わる**超短波帯（VHF）**が使用される。　　　　　答　　（4）

(**Ｐｏｉｎｔ**) ➡ ダムの放流警報操作→無線周波数帯は超短波帯

第2編はこれで
おしまいです！
ちょっと一休みして下さい。

関連分野

　関連分野は，「電気設備関係」，「機械設備関係」，「土木・建築関係」，「設計・契約関係」と広範囲にわたっています。このうち，「設計・契約関係」は特に重要であるのでしっかりとした学習が必要である。

　これ以外は一通りサラリと学習しておく程度でよいでしょう!!

選択率は１級で70%，
２級で50%となっているよ！

☆出題ウエイトを確認しておこう！☆

（問題出題・解答数の目安）

級の区分	1級		2級	
出題分野	出題数	解答数	出題数	解答数
電気通信工学	16	11	12	9
電気通信設備	28	14	20	7
関連分野	10	7	8	4
施工管理法	22	20	13	13
法規	14	8	12	7
合計	90	60	65	40

第1章.電気設備関係

第1節 電源供給設備 ☆

【問題1】 受電方式に関する記述として，最も不適当なものはどれか。

（1）受電方式は，1回線受電方式と2回線常用・予備受電方式などがある。

（2）1回線受電方式は，2回線常用・予備受電方式に比べ建設費が経済的である。

（3）2回線常用・予備受電方式は，常用回線停電時，予備回線に切り替えて受電できる。

（4）ループ受電方式は1回線が停止すると一旦停電する。

解説

ループ受電方式は，常時2回線で受電するので，1回線が停止しても，遮断器（CB）を遮断することで停電なしに受電を継続できる。　答　（4）

Point → ループ受電方式→1回線が停止しても受電を継続

【問題2】 ある事業所内におけるA工場およびB工場の，それぞれのある日の負荷曲線は図のようであった。それぞれの工場の設備容量が，A工場では400［kW］，B工場では700［kW］である。次の記述として，不適当なものはどれか。

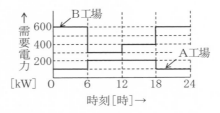

（1）A工場の需要率は50［%］である。

（2）B工場の需要率は86［%］である。

（3）A工場の日負荷率は75［%］である。

（4）A工場とB工場への供給系統の不等率は1.57である。

解説

（1）A工場の需要率 $= \dfrac{\text{最大需要電力200 [kW]}}{\text{設備容量400 [kW]}} \times 100 = 50 \text{ [%]}$

（2）B工場の需要率 $= \dfrac{\text{最大需要電力600 [kW]}}{\text{設備容量700 [kW]}} \times 100 ≒ 86 \text{ [%]}$

（3）A工場の日負荷率 $= \dfrac{\text{平均需要電力 [kW]}}{\text{最大需要電力 [kW]}} \times 100$

$$= \dfrac{(100 \times 6 + 200 \times 6 + 200 \times 6 + 100 \times 6) \div 24}{200} \times 100$$

$$= 75 \text{ [%]}$$

（4）A工場とB工場への供給系統の不等率 $= \dfrac{\text{最大需要電力の和 [kW]}}{\text{合成最大需要電力 [kW]}}$

$$= \dfrac{200 + 600}{700} = \dfrac{8}{7} ≒ 1.14 \qquad\qquad 答\quad（4）$$

(参考) 合成最大需要電力が発生している時間帯は，0～6時と18～24時である。

Point ➡ 3つの負荷特性→需要率，負荷率，不等率

【問題3】 自家用発電装置のディーゼル機関に関する記述として，最も不適当なものはどれか。
　（1）往復動機関のため，ガスタービンに比べて発生振動は大きい。
　（2）点検整備や分解・整備は，設置場所で行える。
　（3）燃料は，軽油やA重油が用いられる。
　（4）軽負荷時でも燃料の完全燃焼が得られやすい。

解説

ディーゼル機関は，圧縮行程で作ったシリンダ内の高温・高圧空気中に燃料を燃料噴射ポンプと噴射ノズルの組合せで微小粒子にして噴霧し自然着火させる。　軽負荷時には燃料の噴射率が低く噴霧が粗くなることから，未燃焼ガスを発生しやすい。したがって，完全燃焼は難しい。　　　　　　　　　　答　（4）

Point ➡ ディーゼル機関→軽負荷時は不完全燃焼

【問題4】 **試験に出ました！**

非常用予備発電装置に関する記述として，適当でないものはどれか。

（1）建設工事現場の仮設電源として使用される移動用発電装置は電気事業法上，非常用予備発電装置として取り扱われる。

（2）非常用予備発電装置の負荷容量は，一般的に商用電源の負荷容量と比較して，必要最小限にするため，必要な負荷を選択して投入する。

（3）法令や条例によって騒音値が規制される場合は，敷地境界における騒音規制値を満足する性能を有する必要がある。

（4）非常用予備発電装置が運転される場合には，電力会社の配電線などに電気が流出しないようにする必要がある。

解説

「移動用発電設備」とは，発電機その他の発電機器ならびにその発電機器と一体となって発電の用に供される原動力設備および電気設備の総合体であって，貨物自動車等に設置されるものまたは貨物自動車等で移設して使用することを目的とする発電設備のことである。

❶移動用発電設備であって，発電所，変電所，開閉所，電力用保安通信設備または需要設備の非常用予備発電設備として使用するものは，発電所，変電所，開閉所，電力用保安通信設備または需要設備に属する非常用予備発電装置として取り扱われる。

❷移動用発電設備であって❶以外のものは発電所として取り扱われる。

答　（1）

Point ➡ 工事現場の移動用発電装置→発電所として取り扱う

第2節　無停電電源・蓄電池設備　☆

【問題1】 据置鉛蓄電池に関する記述として，不適当なものはどれか。

（1）極板の種類には，主としてペースト式とクラッド式がある。

（2）蓄電池の内部抵抗は，残存容量の減少に伴い減少する。

（3）蓄電池から取り出せる容量は，放電電流が大きくなるほど減少する。

（4）定格容量は，規定の条件下で放電終止電圧まで放電したとき，取り出せる電気量である。

解説

蓄電池の容量の単位は〔A・h〕で，蓄電池の内部抵抗は残存容量の減少に伴い増加する。　　　　　　　　　　　　　　　　　　　　　　　答　（2）

 Point ➡ 鉛蓄電池の内部抵抗→放電とともに増加

【問題2】 試験に出ました！

鉛蓄電池に関する記述として，適当でないものはどれか。

（1）放電すると水ができ，電解液の濃度が下がり電圧が低下する。

（2）完全に放電しきらない状態で再充電を行ってもメモリ効果はない。

（3）正極に二酸化鉛，負極に鉛，電解液には，水酸化カリウムを用いる。

（4）ニッケル水素電池に比べ，質量エネルギー密度が低い。

解説

充電状態にある鉛蓄電池は，正極に二酸化鉛，負極に鉛，電解液には希硫酸が用いられている。放電状態では，正極，負極とも硫酸鉛，電解液は水に変わる。　　　　　　　　　　　　　　　　　　　　　　　答　（3）

 Point ➡ 鉛蓄電池の電解液→希硫酸

【問題3】 試験に出ました！

リチウムイオン電池に関する記述として，適当でないものはどれか。

（1）セル当たりの起電力が3.7Vと高く，高エネルギー密度の蓄電池である。

（2）自己放電や，メモリ効果が少ない。

（3）電解液に水酸化カリウム水溶液，正極にコバルト酸リチウム，負極に

第3編

関連分野

炭素を用いている。

（4）リチウムポリマー電池は，液漏れしにくく，小型・軽量で長時間の使用が可能である。

解説

電解液には，**リチウム塩の有機電解質**が用いられている。電解液に水酸化カリウムを使用するのは，アルカリ蓄電池である。　　　　　　　　答　（3）

（Point） → リチウムイオン電池の電解液：リチウム塩の有機電解質

【問題4】　電源の瞬断時に電力を供給したり，停電時にシステムを終了させるのに必要な時間の電力を供給することを目的とした装置として，適切なものはどれか。

　（1）AVR　　（2）CVCF　　（3）UPS　　（4）自家発電装置

解説

UPSは，落雷などによる瞬時電圧低下が発生したとき，自家発電装置が電圧を確立して電源を供給しはじめるまでの間，サーバなどに電源を供給する役目をもつ機器である。

（1）**AVR**は，自動電圧調整器で電圧を安定にするものである。

（2）**CVCF**は，定電圧・定周波数とするための装置で，電圧と周波数を安定させる。

（4）**自家発電装置**は，瞬時電圧低下に対しての対応能力はない。　　答　（3）

（Point） → UPS→瞬時電圧低下対策に有効

【問題5】　**試験に出ました！**

無停電電源装置（UPS）に関する次の記述の　　　　　に当てはまる語句の組み合わせとして，適当なものはどれか。

　「常時インバータ給電方式のUPSは，主に　ア　，インバータ，バッテリから構成されている。平常時は，　ア　からの直流によりバッテリを充電するとともにインバータにより交流に変換して負荷に電力を供給するが，停電時は，バッテリからの直流を交流に変換して負荷に電力を供給する方式であり，停電時の切替において　イ　。」

	（ア）	（イ）
（1）	整流器	瞬断が発生しない
（2）	整流器	瞬断が発生する
（3）	電圧調整用トランス	瞬断が発生しない
（4）	電圧調整用トランス	瞬断が発生する

解説

文章を完成させると，次のようになる。

「常時インバータ給電方式の UPS は，主に 整流器 ，インバータ，バッテリから構成されている。平常時は， 整流器 からの直流によりバッテリを充電するとともにインバータにより交流に変換して負荷に電力を供給するが，停電時は，バッテリからの直流を交流に変換して負荷に電力を供給する方式であり，停電時の切替において 瞬断が発生しない 。」

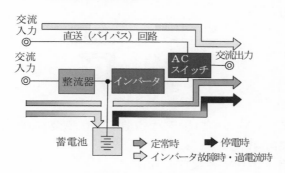

図　常時インバータ方式の UPS　　　　答　（1）

Point ➡ 常時インバータ方式のUPS→瞬断は発生しない

第3編

関連分野

【問題6】 **試験に出ました！**

無停電電源装置の給電方式であるパラレルプロセッシング給電方式に関する記述として，適当なものはどれか。

（1）通常運転時は，負荷に商用電源をそのまま供給するが，停電時にはバッテリからインバータを介して交流電源を供給する方式であり，バッテリ給電への切替時に瞬断が発生する。

（2）通常運転時は，商用電源を整流器でいったん直流に変換した後，インバータを介して再び交流に変換して負荷に供給する方式であり，停電

時は無瞬断でバッテリ給電を行う。

（3）通常運転時は，負荷に商用電源をそのまま供給し，並列運転する双方
向インバータによりバッテリを充電するが，停電時にはインバータが
バッテリ充電モードからバッテリ放電モードに移行し，負荷へ給電を
行う。

（4）通常運転時は，電圧安定化機能を介して商用電源を負荷に供給するが，
停電時にはバッテリからインバータを介して交流電源を供給への切替
時に瞬断が発生する。

解説

パラレルプロセッシング給電方式は，通常運転時は，負荷に商用電源をそのま
ま供給し，並列運転する双方向インバータによりバッテリを充電するが，停電
時には図のように，インバータがバッテリ充電モードからバッテリ放電モード
に移行し，負荷へ給電を行う。

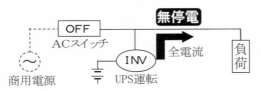

図　パラレルプロセッシング給電方式（停電時の動作）

（1）は，**常時商用給電方式**である。

（2）は，**常時インバータ給電方式**である。

（4）は，**ラインインタラクティブ給電方式**である。　　　　　　答　（3）

（ **Point** ）➡ パラレルプロセッシング給電→常時はAC給電

【問題7】 **試験に出ました！**

二次電池の充電方式に関する次の記述に該当する用語として，適当なもの
はどれか。

「自然放電で失った容量を補うために，継続的に微小電流を流すことで，満
充電状態を維持する。」

（1）定電圧定電流充電

（2）トリクル充電

（3）浮動充電

（4）パルス充電

解説

蓄電池は無負荷の状態でも自己放電するため，長時間放置しておくと時間の経過とともに容量が減少する。トリクル充電は，この減少した自己放電量を補うため，継続的に微小電流で充電しておく方式である。　　　　　答　（2）

Point ➡ トリクル充電→開閉器を常時開いて継続的に充電

第3節　照明・動力設備　☆

【問題1】　照明に関する記述のうち，最も不適当なものはどれか。

（1）均斉度は，作業面の最低照度の最高照度に対する比である。

（2）演色性は，物の色の見え方に影響を与える光源の性質をいう。

（3）点光源による照度は，光源からの距離の2乗に反比例する。

（4）人工光源は，色温度が高くなるほど赤みがかった光色となる。

解説

色温度は，発光体の光の色を数値で表した指標の一つで，その色を発する黒体の温度である。色温度の単位は［K］（ケルビン）で，**色温度が低いほど赤みがかった光色，高いほど青みがかった光色**である。　　　　　答　（4）

（Point） → 色温度が低いと暖色系，色温度が高いと寒色系

【問題2】　照明光源に関する一般的な記述のうち，最も不適当なものはどれか。

（1）LEDは，高効率で他の照明器具に比べ寿命が長く，省エネ対策として広く用いられる。

（2）Hf蛍光ランプは，ちらつきが少なく，主に事務所ビルなどの照明に用いられる。

（3）ハロゲン電球は，低輝度であり，主に道路やトンネルの照明に用いられる。

（4）メタルハライドランプは，演色性がよく，主にスポーツ施設などの照明に用いられる。

解説

ハロゲン電球は，白熱電球と同様，温度放射による発光原理を使用したものである。光源自体は非常に小さく，高輝度で，スポットライトやダウンライトとして用いられる。　　　　　答　（3）

（Point） → ハロゲン電球→高輝度でスポットライトなどに適用

【問題3】　発光ダイオード（LED）に関する次の記述のうち，最も不適当なものはどれか。

(1) 主に表示用光源や光通信の送信部の光源として利用されている。

(2) 表示用として利用される場合，表示用電球より消費電力が小さく長寿命である。

(3) ひ化ガリウム（GaAs），りん化ガリウム（GaP）などを用いた半導体のpn接合部を利用する。

(4) 逆方向に電圧を加えると電流が流れpn接合部が発光し，逆方向の電圧降下は一般に1.2〜2.5 V程度である。

解説

順方向に電圧を加えるとp形半導体→pn接合部→n形半導体の方向の順電流が流れてpn接合部が発光する。**順方向の電圧降下は一般に1.2〜2.5 V程度**である。pn接合部では，電子と正孔が再結合するときに余剰エネルギーを生じ，このエネルギーが直接光に変換される。　　　　　　　　　　　答　（4）

Point ➡ LED（発光ダイオード）→順方向の電流で発光

【問題4】　三相誘導電動機の特性に関する記述のうち，最も不適当なものはどれか。

(1) 負荷が減少するほど，回転速度は速くなる。

(2) 滑りが増加するほど，回転速度は速くなる。

(3) 極数を少なくするほど，回転速度は速くなる。

(4) 周波数を高くするほど，回転速度は速くなる。

解説

磁極数をp，周波数をf [Hz]，滑りをsとすると，

$$回転速度 N = \frac{120\,f}{p}\,(1-s)\ [\text{min}^{-1}]$$

であり，滑りsが増加すると，回転速度は遅くなる。　　　　　　　答　（2）

Point ➡ 負荷の増加→滑りが増加→回転速度が遅くなる

148

【問題5】 三相誘導電動機を逆転させるための方法として，適当なものはどれか。

  （1）三相電源の3本の結線を3本とも入れ替える。

  （2）三相電源の3本の結線のうち，いずれか2本を入れ替える。

  （3）コンデンサを並列に取付ける。

  （4）スターデルタ始動器を取付ける。

解説

（1）三相電源の3本の結線を3本とも入れ替えると正転となる。

（3）コンデンサを並列に取付けるのは，力率改善のためである。

（4）スターデルタ始動器を取付けるのは，始動電流の抑制のためである。

答 （2）

（Point）→ 三相誘導電動機の逆転→三相のうち2線を入れ替え

【問題6】 三相誘導電動機の始動方式に関する記述として，不適当なものはどれか。

  （1）全電圧始動は，始動時に定格電圧を直接加える。

  （2）Y－Δ始動法の始動時には，Δ結線で全電圧始動の$\frac{1}{3}$倍の電流が流れる。

  （3）Y－Δ始動法の始動時には，各相の固定子巻線に定格電圧の$\frac{1}{3}$倍が加わる。

  （4）始動補償器法は，三相単巻変圧器のタップにより，始動時に低電圧を加える。

解説

Y－Δ（スターデルタ）始動法は，5.5kW以上の中容量機で採用される方式で，一次巻線（固定子巻線）をY結線にして始動し，運転時にΔ結線とする。この方式では，始動時に各相の固定子巻線に定格電圧の$1/\sqrt{3}$の電圧が加わり，始動電流と始動トルクは全電圧始動方式の1/3となる。 答 （3）

（Point）→ Y－Δ始動法→始動時は$1/\sqrt{3}$倍の電圧が加わる

第4節　雷保護設備等 ☆

【問題1】 情報システムを落雷によって発生する過電圧の被害から防ぐための手段として，有効なものはどれか。

（1）サージ保護デバイス（SPD）を介して通信ケーブルとコンピュータを接続する。
（2）自家発電装置を設置する。
（3）通信線を経路の異なる2系統とする。
（4）電源設備の制御回路をデジタル化する。

解説

施設の近傍で落雷が発生すると，雷サージによる過電圧によって，情報システムが被害を受けることがある。この対策として，サージ保護デバイス（SPD：Surge Protective Device）を介して通信ケーブルとコンピュータを接続する。

答　（1）

 Point ➡ SPD→情報システムの過電圧からの保護

【問題2】 **試験に出ました！**

避雷設備（外部雷保護システム）に関する記述として，適当でないものはどれか。

（1）直撃雷を受ける受雷部は，突針，水平導体，メッシュ導体の各要素またはその組み合わせで構成される。
（2）保護角法は，受雷部の上端から鉛直線に対して保護角を見込む稜線の内側を保護範囲とする方法で，保護角は雷保護システム（LPS）のクラスと受雷部の地上高に準じて規定されている。
（3）回転球体法は，2つ以上の受雷部に同時に接するように，または1つ以上の受雷部と大地面と同時に接するように球体を回転させた時に，球体表面の包絡面から被保護物側を保護範囲とする方法で，球体の半径は雷保護システム（LPS）のクラスにより規定されている。
（4）メッシュ法は，メッシュ導体で覆われた内側を保護範囲とする方法で，メッシュの幅は保護する建築物の高さにより規定されている。

第3編

関連分野

解説

メッシュ法は，メッシュ導体で覆われた内側を保護範囲とする方法で，メッシュの幅は4段階の保護レベルに応じて5～20 mと規定されている。なお，保護レベルの選定は設計者が行う。　　　　　　　　　　　　答　（4）

(Point) → メッシュ法→メッシュの幅は保護レベルで決まる

【問題3】　建築物等の雷保護システムに関する記述として，「日本産業規格（JIS）」上，不適当なものはどれか。

（1）外部雷保護システムは，受雷部システム，引下げ導線システムおよび接地システムから成り立っている。

（2）内部雷保護システムは，被保護物内において，雷の電磁的影響を低減させるため外部雷システムに追加するすべての措置で，等電位ボンディングおよび安全離隔距離の確保を含む。

（3）保護レベルIは，保護レベルIVと比べて，雷の影響から被保護物を保護する確率が低い。

（4）等電位ボンディングは，雷保護システム，金属構造体，金属製工作物，系統外導電性部分ならびに被保護物内の電力および通信用設備をボンディング用導体またはサージ保護装置で接続することで等電位化を行うものである。

解説

保護レベルIは，保護レベルIVと比べて，雷の影響から被保護物を保護する確率が高い。　　　　　　　　　　　　　　　　　　　答　（3）

(Point) → 保護レベルI～IV→保護レベルIの保護確率が最大

第2章 機械設備関係

第1節 換気設備 ☆

【問題1】 換気方式に関する記述として，不適当なものはどれか。
- （1）自然換気は，温度差や風を利用する換気方式である。
- （2）第1種換気方式は，電気室の換気に用いられる。
- （3）第2種換気方式は，厨房の換気に用いられる。
- （4）第3種換気方式は，便所の換気に用いられる。

解説

第1種換気方式は，給気機と排風機を用いる。第2種換気方式は，給気機のみで室を正圧にする。第3種換気方式は，排風機のみで室を負圧にする。

厨房（大規模）の換気は，第1種換気方式で，給排風量をコントロールして負圧としている。台所の換気は，発生した二酸化炭素の排出のため第3種換気方式である。 答（3）

Point → 第1種換気→屋内駐車場，電気室，ボイラ室，厨房

【問題2】 図に示す第3種換気方式を採用する室名として，最も不適当なものはどれか。
- （1）シャワー室
- （2）湯沸室
- （3）電気室
- （4）ボイラ室

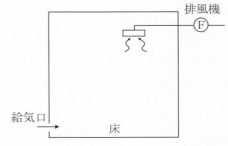

排風機
給気口
床

解説

ボイラ室は第1種換気方式である。 答（4）

Point → 第3種換気方式→臭い，湯気，煙，CO_2 の排出

第2節　消火設備 ☆

【問題1】　自動火災報知設備の配線用図記号と名称の組合せとして，「日本産業規格（JIS）」上，誤っているものはどれか。

　（1）　差動式スポット型感知器　　⌣̄

　（2）　定温式スポット型感知器　　⌣

　（3）　警報ベル　　　　　　　　Ⓑ

　（4）　表示灯　　　　　　　　　Ⓟ

解説

間違っている箇所の正しい名称は，下記のとおりである。

Ⓟ	Ｐ型発信機
◗	表　示　灯

答　（4）

Point → Ⓟはｐ型発信機の記号

【問題2】　**試験に出ました！**

消火設備に関する記述として，適当でないものはどれか。

　（1）　屋内消火栓設備は，人が操作し，ホースから放水することにより消火する設備である。

　（2）　粉末消火設備は，ハロン1301の放射により消火する設備である。

　（3）　不活性ガス消火設備は，二酸化炭素，窒素，あるいはこれらのガスとアルゴンとの混合ガスの放射により消火する設備である。

　（4）　スプリンクラー設備は，スプリンクラーヘッドから散水することにより消火する設備である。

解説

粉末消火設備は，炭酸水素ナトリウム，炭酸水素カリウム，リン酸塩類などの放射により消火する設備である。ハロン1301は，粉末消火設備ではなく，ハロン1301の液化ガスを窒素ガスで加圧して，高圧ガス容器に貯蔵・保管し，火災の際には遠隔操作で容器弁を開放し，自圧で対象区画に薬剤を放出して消火するものである。消火の原理に窒息消火と制御消火を用いている。

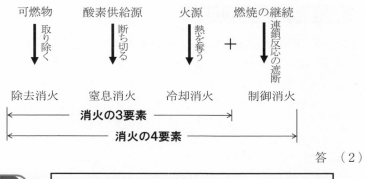

答　（2）

Point → 粉末消火設備→炭酸水素ナトリウムやリン酸塩類

【問題3】　試験に出ました！

消火設備に関する記述として，適当でないものはどれか。

（1）不活性ガス消火設備は，二酸化炭素，窒素，あるいはこれらのガスと
　　　アルゴンとの混合ガスを放射することで，不活性ガスによる窒息効果
　　　により消火する。

（2）スプリンクラー設備は，建築物の天井などに設けたスプリンクラー
　　　ヘッドが火災時の熱を感知して感熱分解部を破壊することで，自動的
　　　に散水を開始して消火する。

（3）屋内消火栓設備は，人が操作することによって消火を行う固定式の消
　　　火設備であり，泡の放出により消火する。

（4）粉末消火設備は，噴霧ヘッドまたはノズルから粉末消火剤を放出し，
　　　火災の熱により，粉末消火剤が分解して発生する二酸化炭素による窒
　　　息効果により消火する。

解説

❶　屋内消火栓設備は，火災の初期消火を目的としたものである。屋内消火栓
　設備は，水源，加圧送水装置（消火ポンプ），起動装置，屋内消火栓（開閉
　弁，ホース，ノズル等），配管・弁類および非常電源などから構成されてお
　り，人が操作することによって**放水して消火**を行う固定式の消火設備である。

❷　泡の放出により消火するのは，泡消火設備である。　　　　　　答　（3）

Point → 屋内消火栓設備→消火に使用するのは水

第3節　空気調和設備 ☆

【問題1】　空気調和設備に関する記述として，最も不適当なものはどれか。
（1）定風量単一ダクト方式は，換気量を定常的に確保できる。
（2）変風量単一ダクト方式は，定風量単一ダクト方式に比べて，間仕切り変更に対応しやすい。
（3）ファンコイルユニット・ダクト併用方式では，負荷変動の多いペリメータの負荷をファンコイルユニットで処理する。
（4）空気熱源ヒートポンプパッケージ方式での暖房運転では，外気温度が低下するとヒートポンプの能力が上昇する。

解説

空気熱源ヒートポンプパッケージ方式での暖房運転では，外気温度が低下するとヒートポンプの暖房能力が低下する。ヒートポンプで使う電力は冷媒の圧縮に使われている。　　　　　　　　　　　　　　　　　　　答　（4）

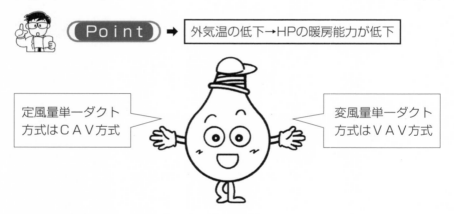

Point ➡ 外気温の低下→HPの暖房能力が低下

定風量単一ダクト方式はCAV方式

変風量単一ダクト方式はVAV方式

【問題2】　試験に出ました！
空気調和設備に関する記述として，適当でないものはどれか。
（1）ヒートポンプは，冷媒が液体から気体に，気体から液体にそれぞれ変化するときに生じる顕熱の授受を利用している。
（2）ヒートポンプで使う電力は，圧縮機を働かせることだけに使われるので，エネルギー効率の良い熱交換システムである。
（3）通年エネルギー消費効率（APF）は，数値が大きいほどエネルギー効率が良く，省エネルギーの効果が大きいことを示している。

（4）空気調和設備の除湿運転で用いられる再熱方式は，冷却器が湿った空気を除湿し，冷えた空気を再熱器で暖めることで，室内の温度を下げずに除湿を行うものである。

解説

ヒートポンプは，冷媒が液体から気体に，気体から液体にそれぞれ変化するときに生じる**潜熱の授受**を利用している。液体から気体への変化時は蒸発潜熱，気体から液体への変化時は凝縮潜熱を利用している。　　　　　　答　（1）

Point ➡ 潜熱の利用→状態変化（液体→気体，気体→液体）

【問題3】 空気調和設備の省エネルギー対策に関する記述として，最も不適当なものはどれか。
（1）外気冷房を採用する。
（2）変風量（VAV）方式を採用する。
（3）冷温水・冷却水の往き・還りの温度差を大きくとる。
（4）空気調和機の予冷・予熱運転時に，外気の導入量を増やす。

解説

空気調和機の予冷・予熱運転時には，外気の導入や排気の停止により省エネルギーとなる。　　　　　　答　（4）

Point ➡ 予冷・予熱時→CO_2問題もないため外気導入しない

第3章 土木・建築関係

第1節 土木工事 ☆

【問題1】 土質試験の名称とその試験結果から求められるものの組み合わせとして、不適当なものはどれか。

　　　（土質試験の名称）　　　　　　　（試験結果から求められるもの）
　（1）標準貫入試験　　　　　　　　横方向地盤反力係数
　（2）単位体積重量試験　　　　　　湿潤密度
　（3）一軸圧縮試験　　　　　　　　粘着力
　（4）粒度試験　　　　　　　　　　均等係数

解説

標準貫入試験は、原位置における土の硬さ（硬軟）、締まり具合の相対値を知るための N 値を求める試験である。

　横方向地盤反力係数を求める試験は、孔内横方向地盤載荷試験である。

答　（1）

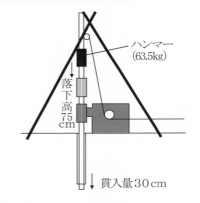

ハンマー（63.5kg）

落下高75cm

貫入量30cm

Point ➡ 標準貫入試験→土の硬さや締まり具合を調べる

30㎝貫入するのに
N 回タタキ込むと
N 値はN だからね！

【問題2】　下図に示す土留め工法の（イ），（ロ）の部材名称に関する次の組合せのうち，適当なものはどれか。

	（イ）	（ロ）
（1）	切ばり ……………	火打ちばり
（2）	切ばり ……………	腹起し
（3）	火打ちばり ………	腹起し
（4）	腹起し ……………	切ばり

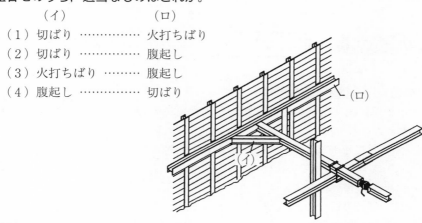

解説 ....

土留め工法に用いる部材の目的は，以下のとおりである。
① 腹起し：土留壁に作用する土圧などを，切ばりに伝える。
② 切ばり：腹起しや土留壁の変形を抑える。
③ 火打ちばり：腹起しの補強を行う。　　　　　　　　　　　　　答　（3）

 Point ➡ 土留め工法の部材→腹起し，切ばり，火打ちばり

【問題3】　土留め壁を用いた掘削に伴う掘削底面の変状現象に関する次の記述のうち，適当でないものはどれか。
　（1） ヒービングとは，軟弱な粘性土を掘削する際に，土留工背面の土が掘削底面にまわり込み，掘削底面が膨れ上がる現象をいう。
　（2） 鋼矢板工法の鋼矢板は，耐久性，水密性および強度において，木矢板や軽量鋼矢板よりも優れており，軟弱地盤で湧水のある場合に用いられ，ヒービングやボイリングを防止するために根入れ長を短くできる。
　（3） ボイリングとは，透水性地盤の掘削にともない背面側と掘削側の水位差が大きくなり掘削底面から水と砂が湧き出す状態をいう。
　（4） ヒービングの対策としては，根入れを深くし，より硬い地盤中に貫入させる，根入れ部の地盤改良，部分掘削などが考えられる。

解説

鋼矢板工法は止水性や土留効果は高い。ヒービングやボイリングを防止するためには根入れの深さを大きくとらなければならない。　　　答　（2）

（Point）➡ 鋼矢板工法→ヒービングなどの対策は根入れを深く

【問題4】　試験に出ました！

土留め壁に関する次の記述に該当する土留め壁の名称として，適当なものはどれか。

「連続して地中に構築し，継ぎ手部のかみ合わせにより止水性が確保されるが，たわみ性の壁体であるため壁体の変形が大きくなる。」

　（1）　親杭横矢板壁
　（2）　鋼矢板壁
　（3）　鋼管矢板壁
　（4）　地中連続壁

解説

（1）　親杭横矢板壁：親杭としてH形鋼を約0.8〜1.5 m間隔で打設し，H形鋼の相互間に木製の横矢板をはめ込む。親杭横矢板は止水性がない。

（3）　鋼管矢板壁：大口径の鋼管を使用することにより，大きな支持力と曲げ剛性が得られ，継手処理によって止水性も確保できる

（4）　地中連続壁：安定液を用いて掘削した掘削溝に鉄筋かごを挿入してコンクリートを打設し，地中に連続した鉄筋コンクリート壁を構築する。止水性はよい。

　　　答　（2）

（Point）➡ 鋼矢板壁→シートパイル（シート状の杭）を打込む

【問題5】　土の締固め機械に関する記述として，不適当なものはどれか。

　（1）　タイヤローラは，空気入タイヤの特性を利用して締固めを行う。
　（2）　タンピングローラは，表面が滑らかな鉄輪によって締固めを行う。
　（3）　振動ローラは，ローラに振動機を組合せ，小さな重量で締固めを行う。
　（4）　振動コンパクタは，平板の上に直接起振機を取り付けたもので，狭い箇所などで締固めを行う。

解説 ....

タンピングローラは，ローラの表面に突起をつけたもので，土塊や岩塊などの破砕や締固めを行う。**ロードローラは，表面が滑らかな鉄輪**によって路床や路盤の締固めを行う。　　　　　　　　　　　　　　　　　　　　　　答　（2）

 (Point) ➡ タンピングローラ→ローラの表面に突起

【問題6】 **試験に出ました！**
地中管路埋設工事に使用する建設機械として，適当でないものはどれか。
　（1）バックホウ
　（2）ハンドブレーカ
　（3）アースオーガ
　（4）ランマ

解説 ....

（1）**バックホウ**は，ショベルをオペレーター側に取りつけた建設機械で，掘削作業に用いる。

（2）**ハンドブレーカ**は，重機を搬入できない狭隘な場所などでコンクリートを剥がす作業に用いる。

（3）**アースオーガ**は，掘削ドリルや穴掘り機のことであり，電柱を建柱するための穴掘り作業などに用いる。

（4）**ランマ**は，エンジンを利用した上下動の衝撃によって地盤を締め固める作業に用いる。　　　　　　　　　　　　　　　　　　　　　答　（3）

(Point) ➡ アースオーガ→電柱の建柱穴の穴掘り作業に使用

第3編

関連分野

第2節　建築工事 ☆

【問題1】 コンクリートに関する記述として，最も不適当なものはどれか。

（1）生コンクリートのスランプは，その値が大きいほど流動性は大きい。

（2）コンクリートの強度は，圧縮強度を基準として表す。

（3）コンクリートのアルカリ性により，鉄筋の錆を防止する。

（4）コンクリートの耐久性は，水セメント比が大きいほど向上する。

解説

水セメント比は，水（W）とセメント（C）の質量比（**W/C**）であって，その値が小さいほど圧縮強度が大きくなる。スランプが少し小さいからといって水を加えると，水セメント比が大きくなって所要の強度や耐久性が得られなくなるので注意しなければならない。　　　　　　　　　　　　　答　（4）

（Point） ➡ コンクリートの耐久性：水セメント比は小がよい

【問題2】 コンクリートに関する用語として，関係のないものはどれか。

（1）ブリージング　　　（2）ワーカビリティ

（3）ヒービング　　　　（4）スランプ

解説

ヒービングは，**粘性土の掘削**の際，矢板の背面の土が底部から回り込んで，掘削底面が膨れ上がる現象である。　　　　　　　　　　　　　　　答　（3）

（Point） ➡ ヒービング→矢板，粘性土，膨れ上がり

【問題3】 鉄筋コンクリート構造に関する記述として，最も不適当なものはどれか。

（1）生コンクリートのスランプ値が小さいほど，粗骨材の分離やブリージングが生じやすい。

（2）常温時における温度変化によるコンクリートと鉄筋の線膨張係数は，ほぼ等しい。

（3）空気中の二酸化炭素などにより，コンクリートのアルカリ性は表面から失われて，中性化していく。

（4）鉄筋のかぶり厚さは，耐久性および耐火性に大きく影響する。

解説
生コンクリートのスランプ値が大きいほど，粗骨材の分離やブリージングを生じやすい。**ブリージングは，コンクリートの打設後に水が分離してコンクリートの上面に上昇する現象**である。　　　　　　　　　　　　　答　（1）

(Point) ➡ スランプ値が大きい→ブリージングを生じやすい

【問題4】　鉄筋コンクリート構造に関する記述として，不適当なものはどれか。
（1）コンクリートは引張力に対して弱いため，部材断面の主として引張力の働く部分に鉄筋を入れて補強する。
（2）コンクリートのかぶり部分は，鉄筋を保護して部材に耐久性と耐火性を与える効果がある。
（3）帯筋やあばら筋の径が同じ場合，間隔を密にすると一般に部材を粘り強くする効果がある。
（4）床スラブは，積載荷重や固定荷重を梁や柱に伝えるが，風圧力や地震力などの水平力には効果がない。

解説
床スラブは風圧力や地震力などの水平力を柱や耐震壁に伝達する働きもある。
　　　　　　　　　　　　　答　（4）

(Point) ➡ 床スラブ→風圧力や地震力などの水平力の効果あり

【問題5】　鉄骨構造に関する記述として，最も不適当なものはどれか。
（1）ラーメン構造は，部材と部材を剛接合した構造である。
（2）ラーメン構造は，トラス構造に比べて部材の断面は小さくなる。
（3）トラス構造は，三角形を一つの単位として部材を組み立てた構造である。
（4）トラス構造には，平面トラス構造と立体トラス構造がある。

解説
ラーメン構造は，トラス構造に比べて部材の断面は大きくなる。

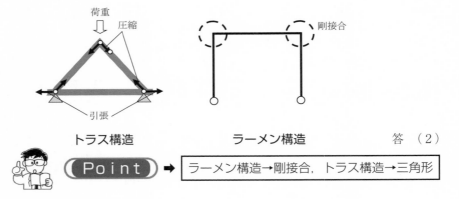

トラス構造　　　　　　　　ラーメン構造　　　　　　答　（2）

Point ➡ ラーメン構造→剛接合，トラス構造→三角形

【問題6】　**試験に出ました！**

あと施工アンカーの施工に関する記述として，適当でないものはどれか。

（1）墨出しは，施工図に基づき，鉄筋などの干渉物がないことを確認したうえで，母材に穿孔を満足する厚みがあることを確認したのちに行う。

（2）母材の穿孔は，墨出し位置に施工面に対し垂直方向に，仕様に合った適正なドリルで穴あけを行う。

（3）金属拡張アンカーと母材との固着は，打ち込み方式の場合は専用打ち込み棒を用いて拡張部を拡張し，締め付け方式の場合は適切な締め付け工具で拡張部を拡張する。

（4）芯棒打ち込み式金属拡張アンカーの施工終了後，ダイヤル型トルクレンチによりトルク値を確認する。

解説

芯棒打ち込み式金属拡張アンカーは，下図のように芯棒が本体の頂部に接するまでハンマーで打ち込み，スパナでナットの締め付け具合を確認する。

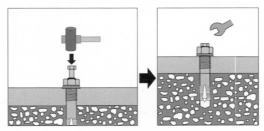

答　（4）

Point ➡ 芯棒打ち込み式金属拡張アンカー→トルク確認不要

第3節　通信土木設備　☆

【問題1】　管路設備に関する記述として，適当でないものはどれか。
- （1）管路設備は，設備の形態により，一般に，一般管路設備，中口径管路設備および地下配線管路設備に分けられ，一般管路設備では，1条の管路にメタリックケーブルと比較して細径化された光ファイバケーブルを複数収納する場合もある。
- （2）一般管路設備は，一般に呼び径75 mm 管が多条多段に積まれ，地表面下1〜2 [m]程度に埋設される。
- （3）管種には，硬質ビニル管，鋼管，鋳鉄管などがあり，同一呼び径の場合，管種によらず管の肉厚は同一である。
- （4）盛土区間における管路の占用位置は，盛土崩壊のおそれが少ない位置を基本とし，管種は，一般に金属管が使用される。

解説

同一呼び径であっても管種によって管の肉厚は異なる。　　　　　答　（3）

Point ➡ 管の肉厚→同一呼び径でも管種によって異なる

【問題2】　試験に出ました！

ハンドホールの工事に関する記述として，適当でないものはどれか。
- （1）掘削幅は，ハンドホールの施工が可能な最小幅とする。
- （2）舗装の切り取りは，コンクリートカッタにより，周囲に損傷を与えないようにする。
- （3）所定の深さまで掘削した後，石や突起物を取り除き，底を突き固める。
- （4）ハンドホールに通信管を接続した後，掘削土を全て埋め戻してから，締め固める。

解説

❶ハンドホールは，心数の少ないケーブルの引込み，引き抜き，接続作業のために設けられる構造物である。
❷ハンドホールに通信管を接続した後，良質な土砂を用い，原則として厚さ30 cm を超えない層ごとに十分締固めを行わなければならない。　　答　（4）

Point ➡ 埋め戻し作業→30 cmを超えない層ごとに締固め

【問題3】 管路への光ファイバケーブルの施工に関する記述として，適当でないものはどれか。

（1）光ファイバケーブルの基本的な布設技術には，メタリックケーブルの布設技術とほぼ同等の考え方が適用できるが，光ファイバケーブルでは，軽量，細径などの特徴を生かした長スパン布設技術，多条布設技術などが取り入れられている。

（2）光ファイバケーブルに一定以上の側圧が加わると，光ファイバ心線に残留ひずみが生ずることがあるため，屈曲区間などでは，ケーブルの許容曲げ半径および許容側圧を考慮して設計する必要がある。

（3）光ファイバケーブルの曲げ半径は，ケーブルの許容曲げ半径の値を超えないようにする必要があり，一般に，布設時はケーブルの外径の20倍以上，固定時はケーブルの外径の10倍以上とされている。

（4）多条布設技術は，管路を有効利用するために，同一管路内に複数本の光ファイバケーブルを収容する技術である。管路内に追加布設される光ファイバケーブルは，一般に，管路内の空きスペースにあらかじめ布設されたスロットロッド内に収容され，75 mm 管への収容数は5条までとされている。

解説

管路内に追加布設される光ファイバケーブルは，一般に，管路内の空きスペースにあらかじめ布設されたスロットロッド内に収容され，75 mm 管への収容数は3条までとされている。　　　　　　　　　　　　答　（4）

Point ➡ 75 mm管→収容数は3条

第4節　通信鉄塔および反射板　☆

【問題1】 試験に出ました！

下図に示す通信鉄塔の構造および形状の名称の組合せとして，適当なものはどれか。

構造	形状
（1）ラーメン	三角鉄塔
（2）トラス	四角鉄塔
（3）ラーメン	四角鉄塔
（4）シリンダー	多角形鉄塔

平面図

立面図

解説

トラス構造のうちダブルワーレン形の四角鉄塔である。ダブルワーレン形は，形鋼を使用した鉄塔で，比較的塔体幅の小さい鉄塔の中部から上部にかけて使用される。また，四角鉄塔であることは，平面図から容易に判断できる。

答　（2）

Point → トラス構造→三角形を組合せた構造

【問題2】 鉄塔の基礎の種類と地盤などの状況の組合せとして，最も不適当なものはどれか。

基礎の種類	地盤等の状況
（1）逆T字型基礎	支持層の浅い良質な地盤
（2）ロックアンカー基礎	良質な岩盤が分布している地盤
（3）深礎基礎	勾配の急な山岳地や狭隘な場所
（4）マット基礎（杭なし）	支持層が深い地盤

解説

四脚の基礎に不等沈下を生じると鉄塔に内部応力が生じて，鉄塔が弱くなる。マット基礎は，これを防ぐものである。マット基礎（べた基礎）で杭を設けないタイプは，主に平地の水田や畑地などに適用される。

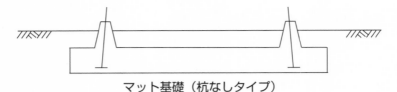

マット基礎（杭なしタイプ）

答　（4）

Point ➡ マット基礎→水田や畑地など軟弱地盤に適用

【問題3】 鉄塔の基礎に関する次の文章に該当する基礎の名称として，適当なものはどれか。

「勾配の急な山岳地に適用され，鋼板などで孔壁を保護しながら円形に掘削し，コンクリート躯体を孔内に構築する。」

（1）杭基礎　　（2）深礎基礎　　（3）マット基礎　　（4）逆T字基礎

解説

深礎基礎は，円筒状の立坑を土留めして内部の土砂を除去しながら必要な深さまで掘り下げて，これにコンクリートを充填して基礎とする工法である。

答　（2）

Point ➡ 深礎基礎→山岳地の急傾斜地で使用される円筒基礎

鉄塔の一般的な基礎は
逆T字型基礎だよ！

第4章 . 設計・契約関係

第1節　設計・契約　☆☆☆

【問題1】　試験に出ました！

設計図書に関する記述として，「公共工事標準請負契約約款」上，適当でないものはどれか。

- （1）設計図書でいう図面は，設計者の意志を一定の規約に基づいて図示した書面をいい，通常，設計図と呼ばれているものであり，基本設計図，概略設計図などもここにいう図面に含まれる。
- （2）現場説明書，現場説明に対する質問回答書は，契約締結前の書類であり，契約上は設計図書には含まれない。
- （3）仕様書は，工事の施工に際して要求される技術的要件を示すもので，工事を施工するために必要な工事の規準を詳細に説明した文書であり，通常は共通仕様書と特記仕様書からなる。
- （4）発注者は工事の施工にあたり，設計図書の中の文書間に内容の不一致を発見したとき，設計図書に優先順位の記載がない場合には監督員に通知し，その確認を請求しなければならない。

解説

現場説明書，現場説明に対する質問回答書は，設計図書である。

答　（2）

Point ➡ 現場説明書や質問回答書は設計図書

【問題2】　試験に出ました！

公共工事における施工計画作成時の留意事項などに関する記述として，適当でないものはどれか。

- （1）工事着手前に工事目的物を完成させるために必要な手順や工法などについて，施工計画書に記載しなければならない。
- （2）施工計画書を提出した際，監督職員から指示された事項については，さらに詳細な施工計画書を提出しなければならない。
- （3）共通仕様書は，特記仕様書より優先するので両仕様書を対比検討して，施工方法などを決定しなければならない。

168

（4）工事内容に応じた安全教育および安全訓練などの具体的な計画を作成し，施工計画書に記載しなければならない。

解説

設計図書相互間などに相違（食い違い）がある場合には，優先順位に留意しなければならない。

優先順位の高いものから低いものの順に並べると，次のようになる。

❶質問回答書，❷現場説明書，❸**特記仕様書**，❹図面（設計図），❺標準仕様書（共通仕様書）

本問の（3）は，共通仕様書と特記仕様書の内容に相違があった場合であり，特記仕様書を優先させなければならない。　　　　　　　　　　　答　（3）

（Point） ➡ 仕様書の優先順：特記仕様書は共通仕様書より優先

【問題3】 試験に出ました！

「公共工事標準請負契約約款」に関する記述として，適当でないものはどれか。

（1）入札公告は，設計図書に含まれる。

（2）発注者と受注者との間で用いる言語は，日本語である。

（3）請求は，書面により行わなければならない。

（4）金銭の支払いに用いる通貨は，日本円である。

解説

入札公告は，設計図書に含まれない。　　　　　　　　　　　　　　答　（1）

（Point） ➡ 設計図書＝図面＋仕様書＋現場説明書＋質問回答書

【問題4】 請負契約に関する記述として，「公共工事標準請負契約約款」上，誤っているものはどれか。

（1）受注者は，設計図書が変更されたことにより，請負代金額が3分の2以上減少したときは契約を解除することができる。

（2）監督員は，設計図書で定めるところにより，受注者が作成した詳細図などの承認の権限を有する。

（3）受注者は，契約により生ずる権利または義務を，発注者の承諾なしに第三者に譲渡してはならない。

（４）現場代理人は，契約の履行に関し，工事現場に常駐し，その運営，取締りを行うほか，請負代金の変更に係る権利を行使することができる。

解説

現場代理人は，契約の履行に関し，工事現場に常駐し，その運営，取締りを行うことはできるが，請負代金の変更に係る権利を行使することはできない。

答　（４）

 Point → 現場代理人→金銭にまつわる権限はない

【問題５】 「公共工事標準請負契約約款」に関する記述のうち，適当でないものはどれか。

（１）発注者は，工事目的物の引き渡しの際に瑕疵があることを知ったときは，その旨を直ちに受注者に通知しなければ，当該瑕疵の補修または損害賠償の請求をすることはできない。ただし，受注者がその瑕疵があることを知っていたときは，この限りでない。

（２）発注者は，工事用地その他設計図書において定められた工事の施工上必要な用地を，工事の施工上必要とする日までに確保しなければならない。

（３）受注者は，工事目的物および工事材料について，設計図書に定めるところにより火災保険，建設工事保険その他の保険に付さなければならない。

（４）工事の施工に伴い通常避けることができない騒音，振動，地盤沈下，地下水の断絶などの理由により第三者に損害をおよぼした場合，原則として受注者は，その損害を負担しなければならない。

解説

工事の施工に伴い通常避けることができない騒音，振動，地盤沈下，地下水の断絶などの理由により第三者に損害をおよぼした場合，**発注者がその損害を負担しなければならない。**ただし，受注者が注意義務を怠った理由によるものは，受注者が負担しなければならない。

答　（４）

Point → 地盤沈下などによる第三者への損害→発注者が負担

第３編
関連分野

施工管理法

　施工管理法は，「施工管理全般」，「施工計画」，「工程管理」，「品質管理」，「安全管理」からなっている。施工管理技士にとって，工程管理，品質管理，安全管理という管理は実務面でも知らないでは通らない重要な事項である。シッカリした管理ができるように確実に学習しておく必要がある。

選択率は 1 級で 90%，
2 級で 100%となっているよ！

☆出題ウエイトを確認しておこう！☆

（問題出題・解答数の目安）

級の区分	1 級		2 級	
出題分野	出題数	解答数	出題数	解答数
電気通信工学	16	11	12	9
電気通信設備	28	14	20	7
関連分野	10	7	8	4
施工管理法	22	20	13	13
法規	14	8	12	7
合計	90	60	65	40

第1章 施工管理全般

第1節 施工管理の概要 ☆☆☆

【問題1】 工程管理の一般的な手順として，適当なものはどれか。ただし，ア〜エは手順の内容を示す。

ア：計画した工程と進捗の比較
イ：作業の実施
ウ：月間・週間工程の計画
エ：工程計画の是正処置

（1） ア→ウ→エ→イ
（2） ア→ウ→イ→エ
（3） ウ→イ→ア→エ
（4） ウ→イ→エ→ア

解説

工程管理の一般的な手順は，P（月間・週間工程の計画）→D（作業の実施）→C（計画した工程と進捗の比較）→A（工程計画の是正処置）である。

答 （3）

Point ➡ 工程管理の手順：PDCAの順

【問題2】　下図は施工管理における工程・原価・品質の一般的関係を示したものであるが，次の記述のうち，適当でないものはどれか。

（1）一般に工程の施工速度を極端に速めると，単位施工量当たりの原価は安くなる。

（2）一般に工程の施工速度を遅らせて施工量を少なくすると，単位施工量当たりの原価は高くなる。

（3）一般に品質をよくすれば，原価は高くなる。

（4）一般に品質のよいものを得ようとすると，工程は遅くなる。

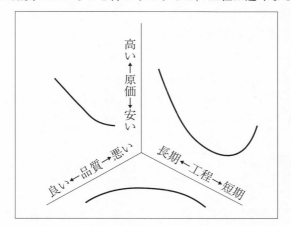

解説

施工管理における工程管理，原価管理，品質管理の三者の相互関係を表した図である。施工速度を速めると工期が短くなって原価は安くなる。しかし，施工速度を極端に速めて突貫工事となると，単位施工量当たりの原価は高くなる。これは，作業員の増員や施工量の大きい建設機械の導入などによって人件費などが高くなるからである。　　　　　　　　　　　　　　　答　（1）

　Point　➡　突貫工事→人件費などが高騰する

第2節　主な施工管理の内容　☆☆☆

【問題1】　施工計画に関する記述として，最も不適当なものはどれか。

（1）労務工程表は，必要な労務量を予測し工事を円滑に進めるために作成する。

（2）安全衛生管理体制表は，安全および施工の管理体制の確立のために作成する。

（3）総合工程表は，週間工程表を基に施工すべき作業内容を具体的に示して作成する。

（4）搬入計画書は，作業員に施工方針や施工技術を周知するために作成する。

解説

総合工程表は，建設工事の全工程が示されたもので，最初に作成するものである。これに基づき，月間工程表が作成され，さらに月間工程表に基づき週間工程表が作成される。　　　　　　　　　　　　　　　　　　　　　答　（3）

（Point）→　（作成順序）総合工程表→月間工程表→週間工程表

【問題2】　工程管理に関する記述として，最も不適当なものはどれか。

（1）常にクリティカルな工程を把握し，重点的に管理する。

（2）屋外工事の工程は，天候不順などを考慮して余裕をもたせる。

（3）工程が変更になった場合には，速やかに作業員や関係者に周知徹底を行う。

（4）作業改善による工程短縮の効果を予測するには，ツールボックスミーティングが有効である。

解説

ツールボックスミーティング（TBM）は，工程管理でなく，安全管理に関するものである。ツールボックスミーティングは，作業の着手前の短時間で職長と作業員が安全や施工に関して打ち合わせを行うものである。　　　答　（4）

（Point）→　ツールボックスミーティング（TBM）→安全管理

第2章 施工計画

第1節　施工計画の概要　☆☆☆

【問題1】 施工計画の策定に関する記述として，適当なものはどれか。
　（1）施工計画の決定にあたり，いくつかの代案を作り比較検討した。
　（2）施工計画を策定した後に現場調査を行った。
　（3）施工計画の策定は，現場の工事担当者のみによって行った。
　（4）施工計画は，従来の経験と実績のみによって決定した。

解説
（2）施工計画を策定する前に現場調査を行わねばならない。
（3）施工計画の策定は，現場担当者だけで検討することなく，会社内の組織を活用して行わなければならない。
（4）施工計画は，従来の経験や実績のみに限定することなく，新工法や新技術の動向に対して目を向けることも必要である。　　　　答　（1）

（Point）➡ 施工計画の策定→いくつかの代案の比較検討が必要

【問題2】 **試験に出ました！**
公共工事における施工計画作成時の留意事項等に関する記述として，適当でないものはどれか。
　（1）工事着手前に工事目的物を完成するために必要な手順や工法等について，施工計画書に記載しなければならない。
　（2）特記仕様書は，共通仕様書より優先するので両仕様書を対比検討して，施工方法等を決定しなければならない。
　（3）施工計画書の内容に重要な変更が生じた場合には，施工後速やかに変更に関する事項について，変更施工計画書を提出しなければならない。
　（4）施工計画書を提出した際，監督職員から指示された事項については，さらに詳細な施工計画書を提出しなければならない。

解説
施工計画書の内容に重要な変更が生じた場合には，**その都度当該工事に着手する前に**変更に関する事項を取りまとめた変更施工計画書を作成し，発注者側の監督員に提出しなければならない。　　　　答　（3）

176

 **Point** → 施工計画書の内容が変更→工事着手前に作成・提出

【問題3】 着工時の施工計画を作成する際の検討事項として，最も重要度の低いものはどれか。
- （1） 工事範囲や工事区分を確認する。
- （2） 現場説明書および質問回答書を確認する。
- （3） 新工法や特殊な工法などを調査する。
- （4） 関連業者と施工上の詳細な納まりを検討する。

解説

関連業者との施工上の詳細な納まりの検討は，施工計画作成時の検討事項ではない。 答 （4）

 Point → 着工時の施工計画→大まかなものが対象

【問題4】 **試験に出ました！**

工事目的物を完成させるために必要な手順や工法を示した施工計画書に記載するものとして，最も関係のないものはどれか。
- （1） 計画工程表
- （2） 主要資材
- （3） 施工管理計画
- （4） 機器製作設計図

解説

施工計画書（＝施工要領書）は，受注者が工事着手前に**工事目的物を完成させるために必要な手順や工法など**を自らの責任において作成するものである。したがって，機器製作設計図は施工計画書に記載すべきものではない。

答 （4）

 Point → 機器製作設計図→施工計画書の記載項目でない

【問題5】 施工要領書の作成における留意事項として，最も不適当なものはどれか。

- （1）工事施工前に作成する。
- （2）他の現場においても共通に利用できるように作成する。
- （3）施工方法は，できるだけ部分詳細，図表などを用いて，わかりやすく記載する。
- （4）図面には，寸法，材料名称，材質などを記載する。

解説

施工要領書は，施工図を補完する資料として活用されるもので，見落としや施工ミスなどが防止され，品質向上に役立つほか，初心者の技術習得にも利用できる。施工要領書は，個々の工事について具体的に記すものであり，**他の現場に共通に利用できるような一般的事項を記入するものではない。** 施工要領書は**工事の着手前に作成し，工事監理者の承諾を得る**必要がある。　　　答　（2）

Point ➡ 施工要領書→現場ごとに固有の具体的事項を記入

【問題6】 仮設計画に関する記述として，最も不適当なものはどれか。

- （1）仮設計画は，安全の基本となるもので，関係法令を遵守して立案しなければならない。
- （2）仮設計画の良否は，工程やその他の計画に影響をおよぼし，工事の品質に影響を与える。
- （3）仮設計画は，全て発注者が計画し，設計図書に定めなければならない。
- （4）仮設計画には，盗難防止に関する計画が含まれる。

解説

仮設計画には任意仮設と指定仮設とがある。原則的には，請負者がその責任において計画（任意仮設）しなければならない。ただし，大規模で重要なものについては指定仮設として発注者が指定する。　　　答　（3）

Point ➡ 仮設計画→任意仮設（請負者）と指定仮設（発注者）

【問題7】 工事の仮設に関する次の記述のうち，適当でないものはどれか。
 （1） 仮設の材料は，一般の市販品を使用し，可能な限り規格を統一する。
 （2） 任意仮設は，規模や構造などを請負者に任せられた仮設である。
 （3） 仮設は，その使用目的や期間に応じて，構造計算を行い，労働安全衛生規則などの基準に合致しなければならない。
 （4） 指定仮設および任意仮設は，どちらの仮設も契約変更の対象にならない。

解説
指定仮設は契約変更の対象となる。　　　　　　　　　　　　　　答　（4）

（**Point**）→ 指定仮設→契約変更の対象となる

【問題8】 図に示す利益図表において，施工出来高が x_1 のとき，イ～ハに当てはまる語句の組合せとして，適当なものはどれか。ただし，x_1 は，損益分岐点の x_0 より大きいものとする。

	イ	ロ	ハ
（1）	固定原価	変動原価	利益
（2）	固定原価	変動原価	損失
（3）	変動原価	固定原価	利益
（4）	変動原価	固定原価	損失

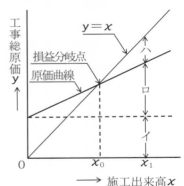

解説
利益図表は，横軸に施工出来高，縦軸に工事総原価をとり，損益がどこで分岐するかを示す図表である。損益分岐点は，工事総原価と施工出来高が等しく収支の差が0となる。損益分岐点より施工出来高が増えると利益が出る。
　　　　　　　　　　　　　　　　　　　　　　　　　　　　　答　（1）

（**Point**）→ 利益図表の損益分岐点：左側は損失で右側は利益

【問題9】　工程管理に関する記述として，最も不適当なものはどれか。

（1）間接工事費は，完成が早まれば高くなる。

（2）直接工事費は，工期を短縮すれば高くなる。

（3）採算速度とは，損益分岐点の施工出来高以上の施工出来高をあげるときの施工速度をいう。

（4）経済速度とは，直接工事費と間接工事費を合わせた工事費が最小になるときの施工速度をいう。

第4編

施工管理法

解説 ....

「利益図表」と「施工速度と費用」の二つを絡めた問題である。（1），（2），（4）は「施工速度と費用」に関する問題で，（3）は「利益図表」に関する問題である。

　間接工事費（間接費）は，現場職員の給料などの経費で，完成が早まれば安くなる。　　　　　　　　　　　　　　　　　　　　　　答　（1）

Point ➡ 間接工事費→工期を短縮すると安くなる

【問題10】　図に示す施工速度と施工費用の関係において，イ〜ハに当てはまる語句の組合せとして，適当なものはどれか。

	イ	ロ	ハ
（1）	直接費	間接費	採算速度
（2）	直接費	間接費	経済速度
（3）	間接費	直接費	採算速度
（4）	間接費	直接費	経済速度

（図：施工速度と施工費用の関係。縦軸「施工費用」高い〜安い，横軸「施工速度」遅い〜速い。総費用，イ，ロ，ハを示す。）

解説 ....

イは間接費，ロは直接費，ハは経済速度である。　　　　　　　　　答　（4）

Point ➡ 総費用が最も安い施工速度→経済速度

第2節　電気通信工事の品質管理計画　☆☆☆

【問題1】　建設工事における出来形管理計画および環境保全計画に関する記述のうち，適当でないものはどれか。

（1）出来形管理計画の立案に当たっては，工事完成後に目視による確認ができない部分について，出来形の記録と併せて写真記録を利用することを計画しておく必要がある。

（2）出来形管理計画の立案に当たっては，施工過程での測定値などのデータを速やかに整理し処理する方法を計画し，管理基準を常に満足させるように施工を誘導していくことが重要である。

（3）環境保全計画のうち，騒音・振動対策の立案に当たっては，発生源での対策，伝播経路での対策，受音点・受振点での対策の3つのうち，伝播経路での対策が最も重要である。

（4）環境保全計画のうち，自然環境の保全対策の立案に当たっては，工事現場内外の樹林の伐採や損傷，表土の踏み荒らしができるだけ少なくなるように，仮設備や搬入路を計画することが必要である。

解説

騒音・振動対策の立案に当たっては，発生源での対策，伝播経路での対策，受音点・受振点での対策の3つのうち，発生源での対策が最も重要である。

答　（3）

（Point）→　騒音・振動対策の立案→発生源での対策が最重要

第 3 節　安全・環境管理計画 ☆☆

【問題 1】　電気通信工事の安全対策に関する次の記述のうち，不適当なものはどれか。

（1）作業を中断する場合は，路面からすべての設備や障害物を撤去する。

（2）交通を規制した後の道路の車線が 1 車線となり，それを往復の交互通行とする場合，その規制区間をできるだけ短くし，その前後で交通渋滞しない措置をする。

（3）交通を規制した後の道路の車線が 1 車線となる場合，その車道幅員は 3 m 以上とし，2 車線となる場合は，5.5 m 以上とする。

（4）夜間施工の場合，道路上に沿って，高さ 1 m 程度のもので 200 m 前方から視認できる光度を有する保安灯を設置する。

解説

夜間施工の場合，道路上に沿って，高さ 1 m 程度のもので 150 m 前方から視認できる光度を有する**保安灯**を設置する。必要に応じて 200 m 前方から視認できる光度を有する**注意灯**を設置する。　　　　　　　　　　　答　（4）

Point ➡ 夜間施工の保安灯→150m 前方から視認できる光度

工事の安全に留意して，事故防止に努めよう！

182

第4節　情報セキュリティ管理　☆☆

【問題1】　情報セキュリティの機密性を直接的に高めることになるものはどれか。

(1) 一日の業務の終了時に機密情報のファイルの操作ログを取得し，漏えいの痕跡がないことを確認する。

(2) 機密情報のファイルにアクセスするときに，前回のアクセス日付が適正かどうかを確認する。

(3) 機密情報のファイルはバックアップを取得し，情報が破壊や改ざんされてもバックアップから復旧できるようにする。

(4) 機密情報のファイルを暗号化し，漏えいしても解読されないようにする。

解説

情報セキュリティに対する脅威への対策や機能は，❶予防・抑制，❷予防・防止，❸検知・追跡，❹回復の4つに分類することができる。

　これらの機能のうち，予防・抑制は不正アクセスなどの発生確率を直接低減できる。しかし，検知・追跡や回復は事後対策であるため，情報セキュリティの機密性を直接的に高めることにはならない。　　　　　　　　答　（4）

(Point) ➡ 機密性を直接的に高める→ファイルの暗号化

第3章 工程管理

第1節　工程管理の概要　☆☆☆

第4編

施工管理法

【問題1】 試験に出ました！

建設工事の工程管理に関する記述として，適当でないものはどれか。

（1）工程の進行状況を全作業員に周知徹底するため，KY活動が実施される。

（2）工程計画は，工事全体がむだなく順序どおり円滑に進むように計画することである。

（3）工程管理は，工事が工程計画どおりに進行するように調整をはかることである。

（4）一般的に，全体工程計画をもとに月間工程が最初に計画され，その月の週間工程が順次計画される。

解説

KY活動（危険予知活動）は，安全管理の一環として，作業者の事故や災害を未然に防ぐことを目的に，その作業に潜む危険を予想し，指摘しあう訓練である。　　　　　　　　　　　　　　　　　　　　　　　　　　　　答　（1）

（Point） ➡ KY活動→工程管理でなく安全管理

【問題2】 工程計画の立案に関して留意すべき事項として，適当でないものはどれか。

（1）仮設備工事や現場諸経費を最小限にする。

（2）施工機械設備，仮設資材，工具類などを標準化し，効率的な運用を行う。

（3）作業員は余裕を見込んでできるだけ増やし，施工期間を通じて均衡のとれるようにする。

（4）手待ち時間を可能な限りなくすように努める。

解説

作業員ができるだけ少なくなるようにするとともに，施工期間を通じて均衡のとれるようにする。　　　　　　　　　　　　　　　　　　　　　答　（3）

（Point） ➡ 作業員→できるだけ少なく施工期間中は均衡を保つ

第2節　工程図表 ☆☆

【問題1】 工程表の特徴に関する記述として，最も不適当なものはどれか。

（1）バーチャート工程表は，各作業の所要日数と日程が分かりやすい。

（2）バーチャート工程表は，工程が複雑化してくると作業間の関連性が表現しにくい。

（3）ガントチャート工程表は，全体工期に影響を与える作業がどれであるかよく分かる。

（4）ガントチャート工程表は，各作業の所要日数が分かりにくい。

解説

ガントチャート工程表は，個別作業の進捗は把握できるが，全体工期に影響を与える作業がどれであるかはよく分からない。　　　　　　　答　（3）

 Point ➡ ガントチャート→個別作業の進捗管理のみ可能

【問題2】 **試験に出ました！**

建設工事で使用される各種工程表に関する記述として，適当なものはどれか。

（1）バーチャートは，作業項目別に工程を矢線で表したものである。

（2）ガントチャートは，作業項目別に出来高を折れ線グラフで表したものである。

（3）出来高累計曲線は，工事全体の工事原価率の累計を曲線で表わしたものである。

（4）グラフ式工程表は，工種ごとの工程を斜線で表したものである。

解説

❶　グラフ式工程表（曲線式工程表）は，縦軸に工事の出来高比率を，横軸に工期を示したものである。

❷　グラフ式工程表（曲線式工程表）は，**工種ごとの工程を斜線で表している。**

　　　　　　　　　　　　　　　　　　　　　　　　　　　　答　（4）

 Point ➡ グラフ式工程表→工種ごとの工程は斜線

【問題3】　バーチャート工程表と比較した，アロー形ネットワーク工程表の特徴に関する記述として，最も不適当なものはどれか。

（1）計画と実績の比較が容易である。

（2）各作業の余裕時間が容易にわかる。

（3）各作業との関連性が明確で理解しやすい。

（4）クリティカルパスにより，重点的工程管理ができる。

解説

バーチャートは，計画と実績がバーで記されているので視覚に訴え，比較が容易である。　　　　　　　　　　　　　　　　　　　　　　　答　（1）

  Point ➡ バーチャート→計画と実績の比較が容易

【問題4】　各種工程表に関する特徴を示した下表中，□□□に当てはまる用語の組合せとして，適当なものはどれか。

比較項目 ＼ 工程表	ネットワーク	バーチャート	ガントチャート
作業の手順	判明できる	漠然としている	不明である
作業の日程・日数	A	判明できる	不明である
各作業の進行度合	漠然としている	漠然としている	判明できる
全体進行度	判明できる	判明できる	C
工程上の問題点	判明できる	B	不明である

　　　　　　　（A）　　　　　　　　（B）　　　　　　　（C）

（1）判明できる――――漠然としている――判明できる

（2）漠然としている――不明である――――判明できる

（3）判明できる――――漠然としている――不明である

（4）漠然としている――不明である――――不明である

解説

（A）ネットワークは，作業の日程・日数を判明でき，工事規模が大きいとき

や工程が輻輳する場合などに用いられる。

（B）バーチャートは，工程上の問題点は漠然としている。また，全体進行度はSカーブ（Sチャート）を記入しなければ漠然としているとの評価となる。

（C）ガントチャートは，各作業の現時点における達成度はわかるが，全体進行度は不明である。 答 （3）

(Point) ➡ ネットワーク→各作業の進行度合以外は判明できる

【問題5】 一般的な建物の電気通信工事において，工期と出来高の関係を表すグラフとして，適当なものはどれか。

（1）

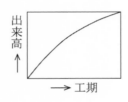

（2）

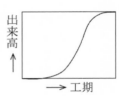

（3）

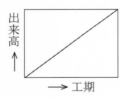

（4）

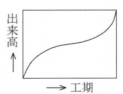

解説

進捗度曲線（SチャートまたはSカーブ）で，**工期の初期と後期で遅く，中間期では早くなる。** 答 （2）

(Point) ➡ Sカーブ→初期遅く，中間期早く，後期遅い

【問題 6 】　図に示す工事の出来高進度管理曲線に関する記述のうち，適当でないものはどれか。

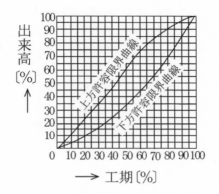

（ 1 ）　実施出来高曲線が二つの限界曲線の内にある場合は，工程の遅れを示しているので，工事を促進する必要がある。

（ 2 ）　実施出来高曲線が上方許容限界曲線をこえると，工程に無理，無駄を生じる場合が多い。

（ 3 ）　過去の工事実績をもとに確率分布を考慮して，作成した曲線である。

（ 4 ）　バナナ曲線といわれている。

解説
実施出来高曲線が二つの限界曲線の内にある場合は，許容安全区域である。

答　（ 1 ）

(Point) ➡ | バナナ曲線の二つの限界曲線の外→対策を検討 |

第3節　ネットワークの作成手順　☆☆

【問題1】　ネットワーク式工程表の用語に関する次の記述のうち，適当なものはどれか。

(1) クリティカルパスは，総余裕日数が最大の作業の結合点を結んだ一連の経路を示す。
(2) 結合点番号（イベント番号）は，同じ番号が2つあってもよい。
(3) 結合点（イベント）は，○で表し，作業の開始点と終了点を表す。
(4) 疑似作業（ダミー）は，破線で表し，所要時間をもつ場合もある。

解説

(1) クリティカルパスは，総余裕日数が「0」作業の結合点を結んだ一連の経路を示す最長経路である。
(2) 結合点番号（イベント番号）は，同じ番号があってはならない。
(4) 疑似作業（ダミー）は，破線で表し，作業名も所要時間もない。

答　(3)

Point ➡ 結合点（イベント）○→作業の開始点と終了点

【問題2】　アロー形ネットワーク工程表に関する記述として，不適当なものはどれか。

(1) 一つのネットワークでは，開始の結合点と終了の結合点はそれぞれ一つでなければならない。
(2) フォローアップは，作成したネットワーク工程表のまちがいを調べる方法である。
(3) ネットワーク上に作業のサイクルがあってはならない。
(4) クリティカルパス上の作業のフロートは零である。

解説

ネットワークを作成するときには，工期内に納まるように時間見積りをして全体のスケジューリングを行う。しかし，設計変更や天候など予測できない要因などで工事が遅れることがある。工期を遅らせる要因が現れたら，計画を修正し，その遅れに対し即応できる手続きをとる必要があり，このような操作のことをフォローアップという。

答　(2)

Point ➡ フォローアップ→工期を遅らせる要因に対応

【問題3】 **試験に出ました！**

ネットワーク工程表のクリティカルパスに関する記述として，適当なものはどれか。

（1）クリティカルパスは，開始時点から終了時点までの全ての経路のうち，最も日数の短い経路である。
（2）工程短縮の手順として，クリティカルパスに着目する。
（3）クリティカルパスは，必ず1本になる。
（4）クリティカルパス以外の作業では，フロートを使ってしまってもクリティカルパスにはならない。

解説

（1）クリティカルパスは，開始時点から終了時点までの全ての経路のうち，**最も日数の長い経路（最長経路）**である。
（3）クリティカルパスは，必ずしも1本とは限らない。
（4）クリティカルパス以外の経路でも，フロートをすべて使用してしまうとクリティカルパスになる。　　　　　　　　　　答　（2）

Point ➡ 工程短縮→クリティカルパス上の作業を短縮

【問題4】 アロー形ネットワーク工程表に関する記述として，最も不適当なものはどれか。

（1）フリーフロートとは，作業を最早開始時刻で始め，後続する作業を最早開始時刻で始めてもなお存在する余裕時間をいう。
（2）トータルフロートとは，作業を最早開始時刻で始め，最早完了時刻で完了する場合にできる余裕時間をいう。
（3）フリーフロートは，トータルフロートと等しいかまたは小さい。
（4）トータルフロートがゼロである作業経路をクリティカルパスという。

解説

自由余裕をフリーフロート（FF）といい，最大余裕をトータルフロート（TF）という。**トータルフロートは，作業を最早開始時刻で始め，最遅完了時刻で完了する場合にできる余裕時間**をいう。　　　　　　　　答　（2）

Point → トータルフロート（TF）＝最大余裕

【問題5】 **試験に出ました！**

下図のネットワーク工程表のクリティカルパスにおける所要日数として，適当なものはどれか。

（1） 19日
（2） 20日
（3） 21日
（4） 22日

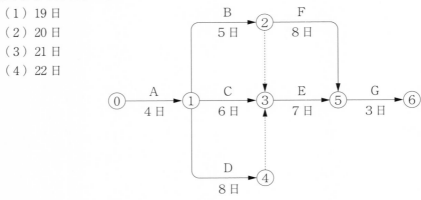

解説

クリティカルパスにおける所要日数＝工期であるので，最早開始時刻の計算をすればよい。下図は，それぞれのイベントの部分に計算した最早開始時刻を左上の○内に記載したものである。この結果より，所要日数は22日であることがわかる。

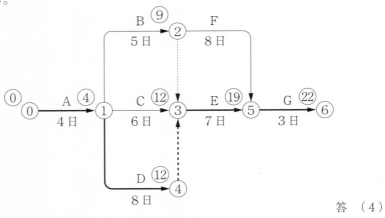

答 （4）

Point → クリティカルパスにおける所要日数＝工期

第4章 品質管理

第1節　品質管理の概要　☆☆☆

【問題1】　試験に出ました！

ISO 9001 に関する記述として，適当なものはどれか。

（1）環境マネジメントシステムに関する国際規格である。

（2）品質マネジメントシステムに関する国際規格である。

（3）情報セキュリティマネジメントシステムに関する国際規格である。

（4）労働安全衛生マネジメントシステムに関する国際規格である。

解説

（1）環境マネジメントシステム（EMS）に関する国際規格は ISO 14000 シリーズである。

（2）品質マネジメントシステム（QMS）に関する国際規格は ISO 9000 ファミリーである。

（3）情報セキュリティマネジメントシステム（ISMS）に関する国際規格は ISO/IEC 27001 である。

（4）労働安全衛生マネジメントシステム（OSHMS）に関する国際規格は ISO 45000 シリーズである。　　　　　　　　　　　　　　　　答　（2）

Point ➡ 品質マネジメントシステム→ISO 9000ファミリー

【問題2】　ISO 9000 の品質マネジメントシステムに関する次の文章に該当する用語として，「日本産業規格（JIS）」上，適切なものはどれか。

「考慮の対象となっているものの履歴，適用または所在を追跡できること。」

（1）継続的改善　（2）是正処置　（3）トレーサビリティ　（4）プロセス

解説

トレーサビリティは，語源をたどればわかりやすい。　　　　　　　答　（3）

追跡する
TRACE
ことができる
ABILITY

トレーサビリティ
TRACEABILITY

Point → トレーサビリティの確保手段→識別

用語はよく読めば、
それなりにわかるよ！

【問題3】 試験に出ました！

ISO 9001：2015 の品質マネジメントの原則として定義されている事項のうち，適当でないものはどれか。

（1）顧客重視　　　　（2）リーダーシップ
（3）発注者の参画　　（4）プロセスアプローチ

解説

ISO 9001：2015 では，品質マネジメントの原則を7項目としており，（3）の発注者の参画は定義されておらず，人々の積極的参加が定義されている。
ISO 9001 での品質マネジメントの原則で定義されている7項目は，次のとおりである。

①顧客重視，②リーダーシップ，③**人々の積極的参加**，④プロセスアプローチ，⑤改善，⑥客観的事実に基づく意志決定，⑦関係性管理

答　（3）

Point → 品質マネジメントの原則→「全員参加」が基本

【問題4】　**試験に出ました！**

ISO 9000 ファミリー規格の品質マネジメントシステムのリーダーシップおよびコミットメントに関する記述として，適当でないものはどれか。

(1) 組織の事業プロセスへの品質マネジメントシステム要求事項の統合を確実にする。

(2) 品質マネジメントシステムがその意図した結果を達成することを確実にする。

(3) 品質マネジメントシステムに必要な資源が利用可能であることを確実にする。

(4) 品質マネジメントシステムのリスクに説明責任を負う。

解説
トップマネジメントは，品質マネジメントシステム（QMS）に関するリーダーシップおよびコミットメントを実証しなければならないとされており，**品質マネジメントシステムの有効性に説明責任を負う**。

　ここで，「有効性」は，「計画した活動を実行し，計画した結果を達成した程度」と定義されている。　　　　　　　　　　　　　　　　　　　答　（4）

(Point) ➡ トップマネジメント→QMSの有効性に説明責任

第2節　品質検査の方式　☆☆

【問題1】　品質管理のため，全数検査を行うのが望ましい場合として，不適当なものは次のうちどれか。

- （1）ロットの品質に関する情報が明確であるとき。
- （2）工程の状態からみて不良率が大きく，あらかじめ決めた品質水準に達していないとき。
- （3）検査の費用に比べて得られる効果が大きいとき。
- （4）不良品を見逃すと人身事故のおそれがあるとき。

解説

ロットの品質に関する情報が明確であるときは，容易にロットの合格・不合格を判断することができる。したがって，無試験で済ませられる。

＜参考＞ 全数検査が必要または望ましい場合

> ❶工程の状態から見て不良率が大きく，あらかじめ決めた品質水準に達していないとき。
> ❷不良品を見逃すことによって人身事故のおそれがあるときや，後工程や消費者に重大な損失を与えるとき。
> ❸検査費用に比べて得られる効果が大きいとき。

答　（1）

【問題2】　品質管理の検査に関する記述として，不適当なものはどれか。

- （1）全数検査は，検査項目が多い場合に有利である。
- （2）全数検査は，一般に経費や時間がかかるが，検査の費用に比べ得られる効果が大きいときに適用する。
- （3）抜取検査は，ある程度の不良品の混入が許される。
- （4）抜取検査の形式には，一回，二回，多回，逐次抜取検査がある。

解説

抜取検査は，検査項目が多い場合に有利になることが多い。

答　（1）

Point ➡ 抜取検査→検査項目が多い場合に有利な傾向がある

【問題3】　図に示す品質管理に用いる図表の名称として，適当なものはどれか。

（1）パレート図
（2）特性要因図
（3）管理図
（4）ヒストグラム

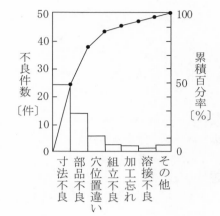

解説

パレート図は，不良項目ごとの件数を多いものから順に並べた棒グラフと，それぞれの棒の高さを累積した折れ線グラフで表した図である。　　　答　（1）

Point ➡ パレート図→重点となる不良項目を見つけられる

【問題4】　**試験に出ました！**

下図に示すヒストグラムの形状に関する記述として，適当でないものはどれか。

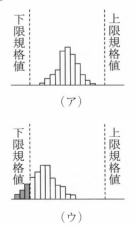

（ア）　　　　　　（イ）

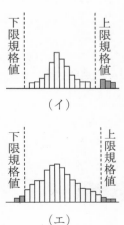

（ウ）　　　　　　（エ）

（1）（ア）は，規格値に対するバラツキが良くゆとりもあり，平均値が規格値の中央にあり理想的である。

（2）（イ）は，工程に時折異常がある場合や測定に誤りがある場合に現れる。

（3）（ウ）は，平均値を大きい方にずらすよう処置する必要がある。

（4）（エ）は，他の母集団のデータが入っていることが考えられるので，全データを再確認する必要がある。

解説

❶（エ）は，下限規格値，上限規格値から外れているものが多く，何らかの処置が必要である。

❷他の母集団のデータが入っていることが考えられ，全データを再確認する必要がある場合のヒストグラムの形状は山が二つあるような場合である。

答　（4）

 Point ➡ 下限値・上限値からの外れが多い→処置が必要

【問題5】　品質管理に用いるヒストグラムに関する次の記述のうち，適当でないものはどれか。

（1）ヒストグラムの形状が度数分布の山が左右二つに分かれる場合は，工程に異常が起きていると考えられる。

（2）ヒストグラムは，データの存在する範囲をいくつかの区間に分け，それぞれの区間に入るデータの数を度数として高さで表す。

（3）ヒストグラムは，時系列データの変化時の分布状況を知るために用いられる。

（4）ヒストグラムは，ある品質でつくられた製品の特性が，集団としてどのような状態にあるかが判定できる。

解説

ヒストグラムは，いろいろな原因によって製品の品質特性の真の分布（母集団分布）を表していない場合がある。例えば，二つの山ができている場合や山の端が切れている場合などである。

答　（4）

Point ➡ ヒストグラム→集団として状態判断できないこと有

【問題6】　品質管理の用語に関する記述として，「JIS（日本産業規格)」
上，不適当なものはどれか。
- （1）公差とは，規定された許容最大値と規定された許容最小値との差である。
- （2）誤差とは，測定値から真の値を引いた差である。
- （3）標準偏差とは，測定値からその期待値を引いた差である。
- （4）平均とは，測定の集団，または分布の中心的位置を表す値である。

解説

標準偏差（σ）とは，分散の正の平方根である。正規分布中にデータが含まれる確率は図のとおりである。偏差とは，測定値からその期待値を引いた差である。

答　（3）

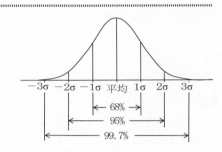

Point → 標準偏差 σ ＝分散の正の平方根

【問題7】　図の $\overline{x}$ 管理図のうち，管理状態にあると判断されるものはどれか。ただし，$\overline{\overline{x}}$ は平均値（$\overline{x}$）の平均値，UCL は上方管理限界，LCL は下方管理限界である。

（1）

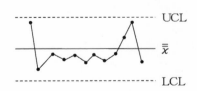

（2）

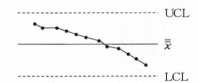

（3）

（4）

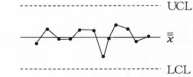

解説

（1）は中心線の下側に連続して点が現れている。

（2）は点が右下がりに下降している。

（3）は点の並び方に周期があり，上方管理限界を超えた異常がある。

答　（4）

(Point) → 管理状態→点が管理限界内で点の並びに癖がない

【問題8】 品質管理に用いる QC 7つ道具に，該当しないものは次のうちどれか。

　　（1）ヒストグラム　　　（2）バーチャート

　　（3）チェックシート　　（4）パレート図

解説

QC 7つ道具は，パレート図，特性要因図，ヒストグラム，チェックシート，管理図，散布図，層別の7つである。バーチャートは，工程管理に用いる工程図表である。

答　（2）

(Point) → バーチャート→工程図表の一つ

【問題9】 品質管理に用いる図表の説明に関する記述として，最も不適当なものはどれか。

　　（1）特性要因図は，特定の結果と原因系の関係を系統的に表した図のことである。

　　（2）散布図は，2つの事象の関係を見る手法であり，両者の間に強い相関がある場合には，プロットされた点は直線または曲線に近づく。

　　（3）パレート図は，出現頻度の数値の小さい方から順に並べた棒グラフで，それに累積度数曲線を描き加えたものである。

　　（4）ヒストグラムは，データがどんな値を中心に，どんなばらつきをもっているかを見ることができる。

解説

パレート図は，出現頻度の数値の大きい方から順に並べた棒グラフで，それに累積度数曲線を描き加えたものである。

答　（3）

(Point) ➡ | パレート図→降順に並べた棒グラフと累積度数曲線 |

【問題10】　**試験に出ました！**

品質管理に用いる図表のうち，問題となっている結果とそれに与える原因との関係を一目で分かるように体系的に整理する目的で作成される下図の名称として，適当なものはどれか。

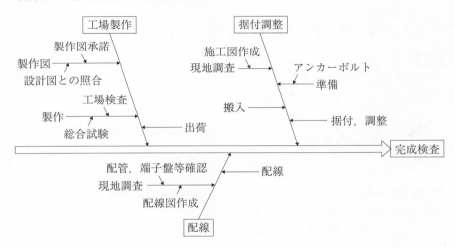

（1）パレート図　　（2）管理図　　（3）散布図　　（4）特性要因図

解説

特性要因図は，一般的には，特性（結果）と要因（原因）を魚の骨のような図にまとめたものである。　　　　　　　　　　　　　　　　　答　（4）

(Point) ➡ | 特性要因図→魚の頭（特性），魚の骨（要因） |

特性要因図はブレーンストーミングでみんなの発言をまとめたものだよ！

【問題 11】 品質管理用語に関する記述として，最も不適当なものはどれか。

（1）測定範囲をいくつかの区間にわけ，測定値の度数に比例する面積の長方形を並べた図はパレート図である。

（2）二つの特性を横軸と縦軸とし，観測点を打点して作る図は散布図である。

（3）連続した観測値を時間順に打点した，上下一対の管理限界線をもつ図は管理図である。

（4）特定の結果と原因系の関係を系統的に表した図は特性要因図である。

解説

測定範囲をいくつかの区間にわけ，測定値の度数に比例する面積の長方形を並べた図は，ヒストグラムである。　　　　　　　　　　　　　答　（1）

 Point ➡ ヒストグラム→長方形の面積は度数に比例

【問題 12】 品質管理において，品質特性を決める場合の留意点に関する次の記述のうち，適当でないものはどれか。

（1）設計品質に影響をおよぼさないものであること。

（2）工程の初期に測定結果が判明するものであること。

（3）工程の異常に対して処置のとりやすいものであること。

（4）工程の状態を総合的に表すものであること。

解説

品質特性（管理項目）を決める場合の留意点は次のとおりである。

❶　工程の状態を総合的に表すものであること。

❷　代用特性が明確なものであること。

❸　**設計品質に重大な影響をおよぼすものであること。**

❹　測定しやすいものであること。

❺　工程に対して処置がとりやすいものであること。

（参考）ソフトウエアの品質特性

品質特性	機能性	信頼性	使用性	効率性	保守性	移植性
品質副特性	合目的性	成熟性	理解性	時間効率性	解析性	環境適応性
	正確性	障害許容性	習得性	資源効率性	変更性	設置性
	相互運用性	回復性	運用性		安定性	共存性
	セキュリティ		魅力性		試験性	置換性

答　（1）

Point ➡ 品質特性決定の留意点→設計品質への影響大のもの

第5章 安全管理

第1節 労働災害 ☆☆☆

【問題1】 労働災害の度数率を表す次式の 　　　 内に当てはまる語句と数値の組合せとして，正しいものはどれか。

$$「度数率 = \frac{\boxed{イ}}{労働延べ時間数} × \boxed{ロ}」$$

	イ	ロ
（1）	労働損失日数	1,000
（2）	死傷件数	1,000
（3）	労働損失日数	1,000,000
（4）	死傷件数	1,000,000

解説

度数率は，1,000,000 労働時間当たりの死傷者数で，労働災害の頻度を表すものである。

$$度数率 = \frac{死傷件数}{労働延べ時間数} × 1,000,000$$

答 （4）

Point → 度数率→1,000,000労働時間当たりの死傷者数

【問題2】 労働災害に関する記述として，最も不適当なものはどれか。

（1）労働災害の頻度を示す指標として，年千人率や度数率が用いられる。

（2）労働災害の重篤度を示す指標として，強度率が用いられる。

（3）労働損失日数は，一時全労働不能の場合，暦日による休業日数に 300/365 を乗じて算出する。

（4）労働災害における重大災害とは，一時に2名以上の労働者が死傷または罹病した災害をいう。

解説

重大災害とは，不休も含む一時に3人以上の労働者が業務上死傷または罹病した災害をいう。

答 （4）

Point ➡ 重大災害→一時に3人以上の労働者の死傷・罹病

【問題3】　下図は，ハインリッヒの法則を示した労働災害の背後要因図を示したものであり，労働災害の背後要因に関する次の記述のうち，適当でないものはどれか。

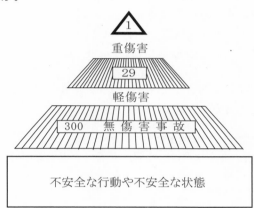

- （1）労働災害の背後には，労働災害に至らない無傷害事故，膨大な不安全な行動や不安全な状態がある。
- （2）不安全な行動とは，労働災害の要因となった人の行動のことである。
- （3）不安全な状態とは，労働災害・事故を起こしそうな，または，その要因を作り出した物理的な状態もしくは環境のことである。
- （4）「壊れた防護柵が放置されていた」ことは不安全な行動であり，「安全確認をせずに建設重機を動かした」ことは不安全な状態である。

解説

「壊れた防護柵が放置されていた」ことは不安全な状態であり，「安全確認をせずに建設重機を動かした」ことは不安全な行動である。労働災害は，不安全状態（物的原因）と不安全行動（人的原因）とによって発生することが多い。

答　（4）

Point ➡ 労働災害の発生要因→（不安全状態＋不安全行動）

第2節　労働災害防止対策　☆☆☆

【問題1】　建設工事現場の安全管理に関する次の記述のうち，適当でない
ものはどれか。
- （1）労働災害とは，業務に起因して労働者が負傷し，疾病にかかり死亡す
　　ることで業務外のものは含まない。
- （2）労働災害の直接原因を大別すると，物理的原因である不安全状態と人
　　的原因である不安全行為に分けられる。
- （3）わが国の死亡災害の発生状況は，飛来・落下による災害が必ず一番多
　　い割合になる。
- （4）TBM（ツールボックスミーティング）とは，安全作業について話し合
　　いをすることである。

解説
わが国の死亡災害の発生状況は，**墜落・転落**による災害が必ず一番多い割合に
なっている。　　　　　　　　　　　　　　　　　　　　　　答　（3）

Point ➡ 死亡災害のワーストワン→墜落・転落

【問題2】　TBM（ツールボックスミーティング）の実施に関する記述とし
て，不適当なものは次のうちどれか。
- （1）作業グループの代表者のみで行うべきである。
- （2）なるべく短時間で効果を上げるように心がける。
- （3）作業方法および作業手順の説明を行う。
- （4）当日の作業に関して労働災害防止の方策について話し合う。

解説
作業グループの代表者のみで行うのではなく，職長を中心に作業グループ全員
で行うべきである。なお，ツールボックスの語源は「**道具箱**」である。
　　　　　　　　　　　　　　　　　　　　　　　　　　　　答　（1）

Point ➡ ツールボックスミーティング→グループ全員で行う

【問題3】　KYT（危険予知訓練）に関する記述として，不適当なものはどれか。

(1) 作業標準により仕事の基本を習熟することを先行させなければならない。
(2) 意見の出やすい雰囲気の場を作らなければならない。
(3) 安全行動が習慣化されなければならない。
(4) 危険感覚より論理的思考を先行させなければならない。

第4編 施工管理法

解説

KYTは，危ないと感じる危険感覚を養っていくことが目的で，危険感覚によって予知された危険要因について対策を引き出す。　答（4）

月　日　危険予知活動表	
作業内容	
危険のポイント	
私達はこうする	
会社名　　　リーダー名　　作業員　名	

Point ➡ KYT（危険予知訓練）→危険感覚を養うのが目的

ＫＹＴは和製用語だね！

法 規

　法規は，「建設業法」，「労働基準法」，「労働安全衛生法」，「道路法・道路交通法」，「河川法」，「電気通信事業法」，「有線電気通信法」，「電波法」，「放送法」，「その他関連法規」と多くの法律からなっている。最初は，概要を知り，そののちに詳細を学習するようにすればよい。

選択率は1級で60％程度，
2級で60％程度となっているよ！

☆出題ウエイトを確認しておこう！☆

（問題出題・解答数の目安）

級の区分	1級		2級	
出題分野	出題数	解答数	出題数	解答数
電気通信工学	16	11	12	9
電気通信設備	28	14	20	7
関連分野	10	7	8	4
施工管理法	22	20	13	13
法規	14	8	12	7
合計	90	60	65	40

第1章 建設業法

第1節 建設業法 ☆☆☆

【問題1】 建設業法について，□□□□内に入る用語の組合せとして，正しいものはどれか。

「この法律は，建設業を営む者の資質の向上，建設工事の　A　の適正化等を図ることによって，建設工事の適正な施工を確保し，　B　を保護するとともに，建設業の健全な発達を促進し，もって公共の福祉の増進に寄与することを目的とする。」

	（A）	（B）
（1）	請負契約	発注者
（2）	請負契約	国民
（3）	施工品質	発注者
（4）	施工品質	国民

解説

建設業法の目的に関する出題である。　　　　　　　　　　　　　　答　（1）

 Point → 建設業法の目的→資質向上ほか合計3つある

【問題2】 建設業を営もうとする者のうち，「建設業法」上，必要となる建設業の許可が国土交通大臣の許可に限られる者はどれか。ただし，政令で定める軽微な建設工事のみを請け負う者を除く。

（1）2以上の都道府県の区域内に営業所を設けて営業をしようとする者

（2）2以上の都道府県の区域にまたがる建設工事を施工しようとする者

（3）請負代金の額が3500万円以上の建設工事を施工しようとする者

（4）4000万円以上の下請契約を締結して建設工事を施工しようとする者

解説

営業所を二以上の都道府県に設ける場合は，**国土交通大臣の許可**が必要である。営業所を1都道府県のみに設ける場合は，**都道府県知事の許可**が必要となる。　　　　　　　　　　　　　　　　　　　　　　　　　　　答　（1）

Point → 二以上の都道府県に営業所→国土交通大臣の許可

【問題3】 建設業の許可に関する記述として，「建設業法」上，誤っている
ものはどれか。
- （1） 一般建設業の許可を受けた電気通信工事事業者は，発注者から直接請
け負った1件の電気通信工事の下請代金の総額が4,000万円以上とな
る工事を施工することができる。
- （2） 工事1件の請負代金の額が500万円に満たない電気通信工事のみを請
け負うことを営業とする者は，建設業の許可を必要としない。
- （3） 一般建設業の許可を受けた電気通信工事事業者は，当該電気通信工事
に附帯する他の建設業に係る建設工事を請け負うことができる。
- （4） 一般建設業の許可を受けた電気通信工事事業者は，電気通信事業に係
る特定建設業の許可を受けたときは，その一般建設業の許可は効力を
失う。

解説

「発注者から直接請け負った1件の電気通信工事の下請代金の総額が4,000万
円以上となる工事」の文面中に，下請代金の総額とあるので，立場は元請であ
ることがわかる。したがって，「**発注者から直接請負工事（元請工事）の下請
代金の総額が4,000万円以上となる工事**」に該当するので，特定建設業の許可
を受けていなければならない。　　　　　　　　　　　　　　　答　（1）

Point → 一般建設業→元請でも下請総額4,000万円未満

【問題4】 「建設業法」上，指定建設業として定められていないものはどれ
か。
- （1） 造園工事業
- （2） 管工事業
- （3） 機械器具設置工事業
- （4） 電気工事業

解説

建設業29種類のうち，**土木工事業，建築工事業，電気工事業，管工事業，鋼
構造物工事業，舗装工事業，造園工事業の7業種**は指定建設業として定められ
ている。（電気通信工事業は指定建設業ではない！）
　指定建設業は，他業種に比べて総合的な施工技術を必要とすることや社会的

責任が大きいことなどから，特定建設業の許可を申請する際の，専任技術者は，一級の国家資格者，技術士または国土交通大臣が認定した者に限られており，実務経験では専任技術者にはなれない。　　　　　　　　　　　答　（3）

 （Point） ➡ 指定建設業→7業種のみ

【問題5】　建設業に関する記述として，「建設業法」上，誤っているものはどれか。
　（1）建設業とは，元請，下請その他いかなる名義をもってするかを問わず，建設工事の完成を請け負う営業をいう。
　（2）元請負人とは，下請契約における注文者で建設業者であるものをいう。
　（3）一般建設業の許可を受けた者が，当該許可に係る建設業について，特定建設業の許可を受けたときは，当該建設業に係る一般建設業の許可は，効力を失う。
　（4）特定建設業を営もうとする者が，一の都道府県の区域内のみに営業所を設けて営業をしようとする場合は，国土交通大臣の許可を受けなければならない。

解説
許可の基準は，下表のとおりである。したがって，特定建設業を営もうとする者が，一の都道府県の区域内のみに営業所を設けて営業をしようとする場合は，都道府県知事の許可を受けなければならない。

区分の内容	許可の区分
二以上の都道府県の区域内に営業所あり	国土交通大臣の許可
一の都道府県の区域内にのみ営業所あり	都道府県知事の許可

答　（4）

（Point） ➡ 1都道府県のみ営業所あり→都道府県知事の許可

【問題6】　建設業の許可に関する記述として，「建設業法」上，誤っているものはどれか。
　（1）国土交通大臣の許可を受けた電気通信工事業者でなければ，国が発注する電気通信工事を請け負うことはできない。
　（2）建設業の許可は，5年ごとにその更新を受けなければ，その期間の経

過によって，その効力を失う。
- （3）電気通信工事業に係る建設業の許可を受けた者が，引き続いて1年以上営業を休止した場合，当該許可は取り消される。
- （4）建設業を営もうとする者は，政令で定める軽微な建設工事のみを請け負う者を除き，建設業法に基づく許可を受けなければならない。

解説

許可が国土交通大臣か都道府県知事かによらず，国が発注する電気通信工事を請け負うことができる。　　　　　　　　　　　　　　　　　答　（1）

（Point）➡ 国が発注する工事→大臣・知事許可の両方とも可能

【問題7】　建設業の許可に関する記述として，「建設業法」上，誤っているものはどれか。
- （1）建設業を営もうとする者は，政令で定める軽微な建設工事のみを請け負う者を除き，定められた建設工事の種類ごとに建設業の許可を受けなければならない。
- （2）建設業の許可は，発注者から直接請け負う一件の請負代金の額により，特定建設業と一般建設業に分けられる。
- （3）営業所の所在地を管轄する都道府県知事の許可を受けた建設業者は，他の都道府県においても営業をすることができる。
- （4）建設業の許可は，5年ごとにその更新を受けなければ，その期間の経過によって，その効力を失う。

解説

❶ 特定建設業：発注者から**直接請負工事（元請工事）の下請代金の総額が4,000万円以上**（建築一式工事は6,000万円以上）となる工事を施工するものである。
❷ 一般建設業：特定建設業以外の建設業である。　　　　　　　答　（2）

（Point）➡ 特定建設業→元請で下請総額4,000万円以上

【問題8】 建設工事の請負契約書に記載しなければならない事項として，「建設業法」上，定められていないものはどれか。

- （1） 各当事者の債務の不履行の場合における遅延利息，違約金その他の損害金
- （2） 契約に関する紛争の解決方法
- （3） 工事完成後における請負代金の支払いの時期および方法
- （4） 現場代理人の氏名および経歴

解説

現場代理人の氏名および経歴は，建設工事の請負契約書に記載しなければならない事項として定められていない。　　　　　　　　答　（4）

（ Point ）→ 請負契約書→現場代理人の氏名・職歴は記載対象外

【問題9】 **試験に出ました！**

建設工事における元請負人と下請負人の関係に関する記述として，「建設業法令」上，誤っているものはどれか。

- （1） 下請工事の予定価格が300万円に満たないため，元請負人が下請負人に対して，当該工事の見積期間を1日とした。
- （2） 追加工事等の発生により当初の請負契約の内容に変更が生じたので，追加工事等の着工前にその変更契約を締結した。
- （3） 下請契約締結後に元請負人が下請負人に対し，資材購入先を一方的に指定し，下請負人に予定より高い価格で資材を購入させた。
- （4） 元請負人は，見積条件を提示のうえ見積を依頼した建設業者から示された見積金額で当該建設業者と下請契約を締結した。

解説

注文者は，請負契約の締結後，自己の取引上の地位を不当に利用して，その注文した建設工事に使用する資材もしくは機械器具またはこれらの購入先を指定し，これらを請負人に購入させて，その利益を害してはならない。　答　（3）

（ Point ）→ 資材購入先の一方的な指定→禁止事項

【問題 10】　**試験に出ました！**

建設工事の請負契約に関する記述として，「建設業法令」上，誤っているものはどれか。

（1）下請負人が特定建設業の許可を受けている者であれば，元請負人は，請け負った多数の者が利用する施設に関する重要な建設工事を，その下請負人に，一括して請け負わせることができる。

（2）報酬を得て建設工事の完成を目的として締結する契約は，建設工事の請負契約とみなして，建設業法の規定が適用される。

（3）建設工事の請負契約の当事者は，署名または記名押印をした請負契約書を相互に交付しなければならない。

（4）電気通信工事業の一般建設業の許可を受けた者は，発注者から直接請け負う電気通信工事を施工する場合，下請契約の総額が 4,000 万円未満であれば，下請契約を締結することができる。

[解説]

共同住宅など多数の者が利用する施設に関する重要な建設工事は，一括下請負が禁止されている。　　　　　　　　　　　　　　　　　　答　（1）

(Point) ➡ | 共同住宅・公共工事→一括下請負の禁止 |

【問題 11】　**試験に出ました！**

建設工事の請負契約に関する記述として，「建設業法」上，誤っているものはどれか。

（1）建設業者は，その請け負った建設工事を，いかなる方法をもってするかを問わず，一括して他人に請け負わせてはならない。

（2）建築業者は，建設工事の注文者から請求があったときは，請負契約の締結後速やかに，建設工事の見積書を交付しなければならない。

（3）注文者は，自己の取引上の地位を不当に利用して，その注文した建設工事を施工するために通常必要と認められる原価に満たない金額を請負代金の額とする請負契約を締結してはならない。

（4）委託その他いかなる名義をもってするかを問わず，報酬を得て建設工事の完成を目的として締結する契約は，建設工事の請負契約とみなして，建設業法の規定が適用される。

解説 ....

建築業者は，建設工事の注文者から請求があったときは，**請負契約が成立する**までの間に，建設工事の**見積書を提出**しなければならない。 答 （2）

（Point） → 見積書の提出時期→請負契約が成立するまでの間

【問題12】 **試験に出ました！**

建設工事における元請負人と下請負人の関係に関する記述として，「建設業法」上，誤っているものはどれか。

(1) 元請負人は，前払い金の支払いを受けたときは，下請負人に対して，建設工事の着手に必要な費用を前払金として支払うよう適切な配慮をしなければならない。

(2) 元請負人は，請け負った建設工事の施工に必要な工程の細目，作業方法等を定めようとするときは，あらかじめ，下請負人から意見をきかなければならない。

(3) 元請負人は，請負代金の工事完成後における支払いを受けたときは，下請負人に対して，下請代金を，当該支払いを受けた日から2ヶ月以内に支払わなければならない。

(4) 元請負人は，検査によって，下請負人の建設工事の完成を確認したのち，下請負人が申し出たときは，直ちに，当該建設工事の目的物の引渡しを受けなければならない。

解説 ....

元請負人は，請負代金の工事完成後における支払いを受けたときは，下請負人に対して，相応する下請代金を，当該支払いを受けた日から**1月以内で，かつ，できる限り短い期間内に支払**わなければならない。 答 （3）

（Point） → 元請負人の下請負人への支払い→1月以内

【問題13】 **試験に出ました！**

建設工事の請負契約に関する記述として，「建設業法令」上，正しいものはどれか。

(1) 建設業者は，建設工事の注文者から請求があったときは，請負契約が成立するまでの間に，建設工事の見積書を交付しなければならない。

（2）請負人は，請負契約の履行に関し工事現場に現場代理人を置く場合は，書面により注文者の承諾を得なければならない。

（3）電気通信工事の施工にあたり，1次下請の建設業者が総額3,500万円以上の下請契約を締結する場合，その1次下請の建設業者は特定建設業の許可を受けていなければならない。

（4）元請負人は，下請負人より建設工事の完成通知を受けた日から30日以内に完成検査を完了しなければならない。

解説

（2）請負人は，現場代理人を置く場合においては，当該現場代理人の権限に関する事項などを，**書面により注文者に通知**しなければならない。

（3）1次下請の建設業者は，請負契約の金額に関係なく**一般建設業の許可**を受けていればよい。なお，500万円未満の工事であれば，建設業の許可を受けていなくてもよい。

（4）元請負人は，下請負人からその請け負った建設工事が完成した旨の通知を受けたときは，当該通知を受けた日から**20日以内**で，かつ，できる限り短い期間内にその完成を確認するための検査を完了しなければならない。　　　答　（1）

第5編 法規

（Point） ➡ 見積書の交付時期→請負契約の成立するまでの間

【問題14】　試験に出ました！

施工体制台帳の記載上の留意事項に関する記述として，適当でないものはどれか。

（1）施工体制台帳の作成にあたっては，下請負人に関する事項も必ず作成建設業者が自ら記載しなければならない。

（2）作成建設業者の建設業の種類は，請け負った建設工事にかかる建設業の種類に関わることなく，その全てについて特定建設業の許可か一般建設業の許可かの別を明示して記載する。

（3）「健康保険などの加入状況」は，健康保険，厚生年金保険および雇用保険の加入状況についてそれぞれ記載する。

（4）記載事項について変更があったときは，遅滞なく当該変更があった年月日を付記して，既に記載されている事項に加えて変更後の事項を記載しなければならない。

解説

作成特定建設業者は二次下請負人から提出された再下請通知書もしくは自ら把握した情報に基づき記載する方法または再下請負通知書を添付する方法のいずれかにより施工体制台帳を整備しなければならない。　　　　答　（1）

(**Point**) ➡ 施工体制台帳の作成→再下請負通知書添付でもOK

【問題15】 **試験に出ました！**
建設業者が建設工事の現場ごとに掲げなければならない標識の記載事項として，「建設業法令」上，誤っているものはどれか。
　（1）一般建設業または特定建設業の別
　（2）許可年月日，許可番号および許可を受けた建設業
　（3）主任技術者または監理技術者の氏名
　（4）健康保険などの加入状況

解説

健康保険などの加入状況は標識の記載事項として定められていない。

答　（4）

(**Point**) ➡ 標識の記載事項→健康保険の加入状況は関係なし

【問題16】 施工体制台帳および施工体系図に関する記述として，誤っているものはどれか。
　（1）施工体制台帳には，下請負人の商号または名称，下請工事の内容および工期等を記載しなければならない。
　（2）施工体制台帳は，営業所に備え置き，発注者から請求があれば閲覧に供する。
　（3）施工体系図には，各下請負人の施工の分担関係を表示しなければならない。
　（4）施工体系図は，当該工事現場の見やすい場所に掲げなければならない。

解説

施工体制台帳は，**工事現場ごと**に備え置かねばならない。　　　答　（2）

(**Point**) ➡ 施工体制台帳と施工体系図→工事現場

【問題17】　建設現場に置く技術者に関する記述として，「建設業法」上，誤っているものはどれか。

（1）専任の者でなければならない監理技術者は，発注者から請求があったときは，監理技術者資格者証を提示しなければならない。

（2）主任技術者および監理技術者は，建設工事の施工に従事する者の技術上の指導監督の職務を誠実に行わなければならない。

（3）下請負人として建設工事を請け負った建設業者は，その請負代金の額にかかわらず当該工事現場に主任技術者を置かなければならない。

（4）発注者から直接電気通信工事を請け負った特定建設業者は，下請契約の請負代金の総額にかかわらず当該工事現場に監理技術者を置かなければならない。

解説

特定建設業者は，下請契約の請負代金の総額が4,000万円以上であれば監理技術者を，4,000万円未満であれば主任技術者を置けばよい。　　　答　（4）

Point ➡ 特定建設業者→監理技術者，主任技術者の条件あり

【問題18】　監理技術者資格者証に関する記述として，「建設業法」上，誤っているものはどれか。

（1）2以上の監理技術者資格を有する者であるときは，これらの資格を合わせ記載した資格者証が交付される。

（2）資格者証には，最初に交付を受けた年月日が記載されている。

（3）資格者証の有効期間は，申請により更新される。

（4）資格者証の有効期間は，3年である。

解説

監理技術者は，5年以内ごとに更新講習を受講しなければならないので，資格者証の有効期間は5年である。　　　答　（4）

Point ➡ 監理技術者資格者証→有効期間は5年

218

【問題19】　主任技術者および監理技術者に関する次の記述のうち，□□□□□に当てはまる金額の組合せとして，「建設業法」上，正しいものはどれか。

　「公共性のある施設もしくは工作物または多数の者が利用する施設もしくは工作物に関する重要な建設工事で，工事１件の請負代金の額が　(ア)　（当該建設工事が建築一式工事である場合にあっては，　(イ)　）以上のものに置かなければならない主任技術者または監理技術者は，工事現場ごとに専任の者でなければならない。」

	ア	イ
（1）	3,000万円	5,000万円
（2）	3,000万円	7,000万円
（3）	3,500万円	5,000万円
（4）	3,500万円	7,000万円

解説

空白部を埋めると，次の文章となる。「公共性のある施設もしくは工作物または多数の者が利用する施設もしくは工作物に関する重要な建設工事で，工事１件の請負代金の額が 3,500万円 （当該建設工事が建築一式工事である場合にあっては，7,000万円 ）以上のものに置かなければならない主任技術者または監理技術者は，工事現場ごとに専任の者でなければならない。」　　答　（4）

Point ➡ 公共性のある工作物→金額見合いで専任が必要

公共性のある工作物は金額見合いで兼任はダメなんだよ！

【問題20】　建設業の許可を受けた業者が，現場に置く主任技術者に関する次の記述のうち，「建設業法」上，誤っているものはどれか。

　（1）下請負人として工事の一部を請け負った許可業者は，主任技術者を置かなくてもよい。

（2）電気通信工事施工管理を種目とする2級の技術検定に合格した者は，電気通信工事の主任技術者になることができる。

（3）発注者から直接請け負った工事を，下請契約を行わずに自ら施工する場合は，主任技術者がこの工事を管理することができる。

（4）一定金額以上で請け負った共同住宅の工事に置く主任技術者は，工事現場ごとに専任の者でなければならない。

解説

下請負人として工事の一部を請け負った許可業者は，主任技術者を置かなければならない。　　　　　　　　　　　　　　　　　　　　　　　　答　（1）

 Point ➡ 建設業の許可のない業者→主任技術者は不要

【問題21】 建設現場に置く技術者に関する次の記述として，「建設業法」上，誤っているものはどれか。

（1）主任技術者及び監理技術者は，当該建設工事の施工に従事する者の技術上の指導監督の職務を誠実に行わなければならない。

（2）監理技術者資格者証を必要とする工事の監理技術者は，発注者から請求があったときは，監理技術者資格者証を提示しなければならない。

（3）発注者から直接電気通信工事を請け負った一般建設業の許可を受けた電気通信工事業者は，当該工事現場に主任技術者を置かなければならない。

（4）下請負人として電気通信工事の一部を請け負った特定建設業の許可を受けた電気通信事業者は，当該工事現場に監理技術者を置かなければならない。

解説

特定建設業の許可を受けた電気通信事業者であっても，下請負人として工事の一部を請け負った場合には，監理技術者でなく主任技術者を置かなければならない。　　　　　　　　　　　　　　　　　　　　　　　　　　　　答　（4）

Point ➡ 特定建設業者が下請となるとき→主任技術者を置く

第2章 労働基準法

第1節 労働基準法の概要 ☆☆☆

【問題1】 使用者が労働契約の締結に際し，労働者に対して書面の交付により明示しなければならない労働条件として，「労働基準法」上，定められていないものはどれか。

(1) 労働契約の期間に関する事項 　(2) 従事すべき業務に関する事項
(3) 休職に関する事項 　(4) 退職に関する事項

解説
休職や福利厚生施設利用に関する事項は，任意事項である。　　　答　(3)

Point ➡ 休職に関する事項→労働契約の締結の書面記載なし

【問題2】 **試験に出ました！**
労働契約の締結に際し，使用者が労働者に対して必ず書面の交付により明示しなければならない労働条件に関する記述として，「労働基準法令」上，誤っているものはどれか。

(1) 労働契約の期間に関する事項
(2) 従事すべき業務に関する事項
(3) 賃金の決定に関する事項
(4) 福利厚生施設の利用に関する事項

解説
福利厚生施設の利用に関する事項は，任意事項である。　　　答　(4)

Point ➡ 福利厚生施設の利用に関する事項→任意事項

【問題3】 **試験に出ました！**
労働時間，休日，休暇に関する記述として，「労働基準法」上，誤っているものはどれか。

(1) 使用者は，労働者に，休憩時間を除き1週間について48時間を超えて，労働させてはならない。
(2) 使用者は，1週間の各日については，労働者に，休憩時間を除き1日

について8時間を超えて，労働させてはならない。

（3）使用者は，労働者に対して，毎週少くとも1回の休日を与えなければ
　　ならない。この規定は，4週間を通じ4日以上の休日を与える使用者
　　については適用しない。

（4）使用者は，その雇入れの日から起算して6箇月以上継続勤務し全労働
　　日の8割以上出勤した労働者に対し有給休暇を与えなければならない。

解説

使用者は，労働者に，休憩時間を除き1週間について40時間を超えて，労働
させてはならない。　　　　　　　　　　　　　　　　　　　　　答　（1）

（Point）→ 1週間の労働時間→40時間以内

【問題4】 建設業における，労働時間，労働契約等に関する記述として，
「労働基準法」上，誤っているものはどれか。

（1）使用者は，労働者に与えた休憩時間を自由に利用させなければならな
　　い。

（2）親権者または後見人は，未成年者に代って労働契約を締結してはなら
　　ない。

（3）使用者は，労働者名簿，賃金台帳など労働関係に関する重要な書類を
　　1年間保存しなければならない。

（4）使用者は，労働時間が6時間を超え8時間以下の場合においては，少
　　なくも45分間の休憩時間を労働時間の途中に与えなければならない。

解説

使用者は，労働者名簿，賃金台帳など労働関係に関する重要な書類を**3年間保**
存しなければならない。

(参考) （4）の休憩時間については，「使用者は，労働時間が**6時間を超える**
場合においては少くとも**45分**，**8時間を超える場合**においては少くとも**1時**
間の休憩時間を労働時間の途中に与えなければならない。」　　　答　（3）

（Point）→ 労働者名簿，賃金台帳→3年間保存

【問題 5】 使用者が労働者名簿に記入しなければならない事項として,「労働基準法」上,定められていないものはどれか。

(1) 労働者の労働日数
(2) 従事する業務の種類
(3) 退職の年月日およびその事由
(4) 死亡の年月日およびその原因

解説

労働者の労働日数は,使用者が労働者名簿に記入しなければならない事項として,定められていない。　　　　　　　　　　　　　　　　　　　答　（1）

 Point ➡ 労働者の労働日数→労働者名簿の記入の対象外

【問題 6】 建設の事業において年少者を使用する場合の記述として,「労働基準法」上,誤っているものはどれか。

(1) 使用者は,児童が満 15 歳に達した日以降の最初の 3 月 31 日が終了するまで使用してはならない。
(2) 使用者は,満 18 歳に満たない者について,その年齢を証明する戸籍証明書を事業場に備え付けなければならない。
(3) 親権者または後見人は,未成年者の賃金を代って受け取ることができる。
(4) 親権者または後見人は,労働契約が未成年者に不利であると認められる場合においては,将来に向かってこれを解除することができる。

解説

親権者または後見人は,未成年者（20 歳未満）に代わって労働契約をしてはならず,賃金を受け取ってはならない。　　　　　　　　　　　　答　（3）

Point ➡ 未成年者の賃金→親権者や後見人の受け取りは禁止

【問題 7】 建設の事業において年少者を使用する場合の記述として,「労働基準法」上,誤っているものはどれか。

(1) 使用者は,児童が満 15 歳に達した日以降の最初の 3 月 31 日が終了するまで使用してはならない。
(2) 使用者は,満 16 歳以上の男性を,交替制により午後 10 時から午前 5 時までの間において使用することができない。

（3）親権者または後見人は，未成年者の賃金を代って受け取ることができない。

（4）親権者または後見人は，労働契約が未成年者に不利であると認められる場合においては，将来に向かってこれを解除することができる。

解説

使用者は，満 18 歳未満の者を午後 10 時から午前 5 時までの間において使用してはならない。ただし，交替制によって使用する満 16 歳以上の男性については，この限りでない。　　　　　　　　　　　　　答　（2）

Point ➡ 満16歳以上の男性→交替制（午後10時〜午前 5 時）

【問題 8】　休日および休日の割増賃金に関する文中　　　　内に当てはまる語句の組合せとして，「労働基準法」上，正しいものはどれか。

「使用者は，労働者に対して，毎週少なくとも 1 回以上の休日，または 4 週間を通じ　A　以上の休日を与えなければならない。

また，使用者が，労使の協定の定めによってその休日に労働させた場合は，通常の労働日の賃金の　B　以上の割増賃金を支払わなければならない。」

	（A）	（B）
（1）	4 日	2 割
（2）	4 日	3 割 5 分
（3）	6 日	2 割
（4）	6 日	3 割 5 分

解説

使用者は，労働者に対して，毎週少なくとも 1 回以上の休日，または 4 週間を通じ **4 日** 以上の休日を与えなければならない。

また，使用者が，労使の協定の定めによってその休日に労働させた場合は，通常の労働日の賃金の **3 割 5 分** 以上の割増賃金を支払わなければならない。

（参考）使用者が労働時間を延長し，または休日に労働させた場合には，原則として賃金の計算額の **2 割 5 分** 以上 **5 割** 以下の範囲内で，**割増賃金を支払**わなければならない。　　　　　　　　　　　　　答　（2）

Point ➡ 休日は毎週少なくとも 1 日，休日労働は割増賃金

【問題9】 **試験に出ました！**

労働者が業務上負傷し，または疾病にかかった場合の災害補償に関する記述として，「労働基準法」上，誤っているものはどれか。

(1) 使用者は，療養補償により必要な療養を行い，または必要な療養の費用を負担しなければならない。

(2) 使用者は，労働者が治った場合において，その身体に障害が残ったとき，その障害の程度に応じた金額の障害補償を行わなければならない。

(3) 使用者は，労働者の療養中平均賃金の全額の休業補償を行わなければならない。

(4) 療養補償を受ける労働者が，療養開始後3年を経過しても負傷または疾病がなおらない場合においては，使用者は，打切補償を行い，その後は補償を行わなくてもよい。

解説

使用者は，労働者の療養中，**平均賃金の100分の60**の休業補償を行わなければならない。　　　　　　　　　　　　　　　　　　　答　（3）

 Point → 休業補償→平均賃金の100分の60

【問題10】 労働契約などに関する記述として，「労働基準法」上，誤っているものはどれか。

(1) 使用者は，満18歳に満たない者を坑内で労働させてはならない。

(2) 使用者は，労働契約の不履行について違約金を定め，または損害賠償額を予定する契約をしてはならない。

(3) 使用者は，労働者名簿，賃金台帳および雇入，解雇その他労働関係に関する重要な書類を1年間保存しなければならない。

(4) 労働契約で明示された労働条件が事実と相違する場合においては，労働者は，即時に労働契約を解除することができる。

解説

使用者は，労働者名簿，賃金台帳および雇入，解雇その他労働関係に関する重要な書類を**3年間保存**しなければならない。　　　　　　　　　　答　（3）

 Point → 労働者名簿など重要な書類→3年間保存

第2節　労働契約　☆☆

【問題1】　労働契約などに関する記述として，「労働基準法」上，誤っているものはどれか。

（1）労働契約で明示された労働条件が事実と相違する場合においては，労働者は即時に労働契約を解除することができる。

（2）使用者は，満18才に満たない者を坑内で労働させてはならない。

（3）使用者は，賃金台帳および雇入，解雇その他労働関係に関する重要な書類を1年間保存しなければならない。

（4）使用者は，契約の不履行について違約金を定め，または損害賠償額を予定する契約をしてはならない。

解説

使用者は，労働者名簿，賃金台帳および雇入，解雇，災害補償，賃金その他労働関係に関する重要な書類を3年間保存しなければならない。　　答（3）

（ **Point** ）➡ 賃金台帳などの重要な書類の保存期間→3年

【問題2】　「労働基準法」上，労働者の解雇の制限に関する次の記述のうち，正しいものはどれか。

（1）やむを得ない事由のために事業の継続が不可能となった場合以外は，業務上の負傷で3年間休業している労働者を解雇してはならない。

（2）やむを得ない事由のために事業の継続が不可能となった場合以外は，産前産後の女性を休業の期間およびその後30日間は解雇してはならない。

（3）日々雇い入れられる者や期間を定めて使用される者などには，予告手当の支払いが必要である。

（4）労働者の責に帰すべき事由に基づいて解雇する場合においては，少なくとも30日前に予告しなければ解雇してはならない。

解説

（1）やむを得ない事由のために事業の継続が不可能となった場合以外は，業務上の負傷で3年間休業している労働者に，打切補償（平均賃金の1200日分）を支払う場合は解雇することができる。

（3）日々雇い入れられる者や期間を定めて使用される者などには，予告手当の支払いの必要はない。

（4）労働者の責に帰すべき事由に基づいて解雇する場合においては，予告なしに解雇できる。　　　　　　　　　　　　　　　　　　答　（2）

Point ➡ 産前産後の休業期間とその後の30日間→解雇は不可

第3章 労働安全衛生法

第1節 安全衛生管理体制 ☆☆☆

【問題1】　常時50人以上の労働者を使用する建設業の事業場において，選任しなければならない者として，「労働安全衛生法」上，定められていないものはどれか。

（1）安全衛生推進者
（2）安全管理者
（3）衛生管理者
（4）産業医

解説

安全衛生推進者は常時10人以上50人未満の事業場において，選任しなければならない者である。　　　　　　　　　　　　　　　　　　　答　（1）

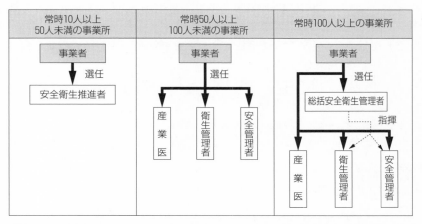

 Point ➡ 安全衛生推進者⇔10人以上50人未満の事業場

【問題2】　建設業における安全衛生推進者に関する記述として，「労働安全衛生法」上，誤っているものはどれか。

（1）事業者は，常時10人以上50人未満の労働者を使用する事業場において安全衛生推進者を選任しなければならない。

（2）事業者は，選任すべき事由が発生した日から 20 日以内に安全衛生推進者を選任しなければならない。

（3）事業者は，都道府県労働局長の登録を受けたものが行う講習を修了した者から安全衛生推進者を選任することができる。

（4）事業者は，選任した安全衛生推進者の氏名を作業場の見やすい箇所に掲示する等により，関係労働者に周知させなければならない。

解説

事業者は，選任すべき事由が発生した日から 14 日以内に安全衛生推進者を選任しなければならない。　　　　　　　　　　　　　　　　答　（2）

 Point → 安全衛生推進者→14 日以内に選任

【問題3】　建設業の総括安全衛生管理者に関する記述として，「労働安全衛生法」上，誤っているものはどれか。

（1）常時 100 人以上の労働者を使用する事業場ごとに，総括安全衛生管理者を選任しなければならない。

（2）総括安全衛生管理者を選任すべき事由が発生した日から 30 日以内に選任しなければならない。

（3）総括安全衛生管理者を選任したときは，遅滞なく，報告書を所轄労働基準監督署長に提出しなければならない。

（4）総括安全衛生管理者は，安全管理者および衛生管理者の指揮をしなければならない。

解説

事業者は，14 日以内に選任しなければならない。　　　　　　　　答　（2）

 Point → 総括安全衛生管理者→14 日以内に選任

【問題4】　建設業における安全衛生管理体制に関する記述として，「労働安全衛生法」上，誤っているものはどれか。

（1）元方安全衛生管理者は，統括安全衛生責任者の指揮を受けて，統括安全衛生責任者の職務のうち技術的事項を管理しなければならない。

（2）元方安全衛生管理者は，その工事現場に専属の者でなければならない。

（3）統括安全衛生責任者は，工事現場においてその工事の実施を統括管理

する者でなければならない。
　（4）統括安全衛生責任者は，安全衛生責任者を選任し，その者に工事の工程計画を作成させなければならない。

解説

統括安全衛生責任者は特定元方事業者に属するものであり，下請とは雇用関係が異なる。安全衛生責任者を選任するのは，下請側である。また，安全衛生管理体制と工事の工程計画とは直接の関係はない。　　　　　　　　答　（4）

 Point ➡ 安全衛生責任者→下請側で選任

【問題5】　建設業における安全管理者に関する記述として，「労働安全衛生法」上，誤っているものはどれか。
　（1）事業者は，安全管理者を選任すべき事由が発生した日から30日以内に選任しなければならない。
　（2）事業者は，常時使用する労働者が50人以上となる事業場には，安全管理者を選任しなければならない。
　（3）事業者は，安全管理者を選任したときは，当該事業所の所轄労働基準監督署長に報告書を提出しなければならない。
　（4）事業者は，安全管理者に，労働者の危険を防止するための措置に関する技術的事項を管理させなければならない。

解説

事業者は，安全管理者を選任すべき事由が発生した日から14日以内に選任しなければならない。　　　　　　　　　　　　　　　　　　　　答　（1）

 Point ➡ 安全管理者→14日以内に選任

【問題6】　建設業における店社安全衛生管理者の職務として，「労働安全衛生法令」上，定められていないものはどれか。
　（1）工事現場の協議組織の会議に随時参加すること。
　（2）労働者が作業を行う場所を少なくとも毎月1回巡視すること。
　（3）労働者の作業の種類その他作業の実施の状況を把握すること。
　（4）労働者の健康診断の結果に基づく健康を保持するための措置をとること。

解説

産業医は，労働者の健康を確保するために必要があると認めるときは，事業者に対して，労働者の健康管理などについて必要な勧告をすることができる。

答　（4）

Point ➡ 店社安全衛生管理者→健康診断結果の措置は対象外

【問題7】　特定元方事業者が選任した統括安全衛生責任者が統括管理すべき事項のうち，技術的事項を管理させるものとして，「労働安全衛生法」上，定められているものはどれか。
 （1）安全管理者
 （2）店社安全衛生管理者
 （3）総括安全衛生管理者
 （4）元方安全衛生管理者

解説

技術的事項の管理は元方安全衛生管理者である。

答　（4）

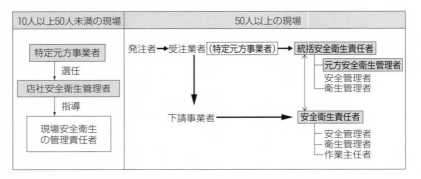

Point ➡ 統括安全衛生責任者が指揮→元方安全衛生管理者

【問題8】　**試験に出ました！**

安全衛生責任者の職務に関する記述として，「労働安全衛生法令」上，誤っているものはどれか。
 （1）統括安全衛生責任者との連絡
 （2）統括安全衛生責任者からの連絡を受けた事項の関係者への連絡

（3）協議組織の設置および運営
（4）当該請負人がその仕事の一部を他の請負人に請け負わせている場合に
　　おける当該他の請負人の安全衛生責任者との作業間の連絡および調整

解説

特定元方事業者が行わなければならない事項の代表的なものとして，次のようなものがある。

❶　協議組織の設置および運営を行うこと。

❷　作業間の連絡および調整を行うこと。

❸　作業場所を巡視すること。

❹　関係請負人が行う労働者の安全または衛生のための教育に対する指導および援助を行うこと。　　　　　　　　　　　　　　　　　　　　　答　（3）

Point ➡ 特定元方事業者→協議組織の設置および運営

【問題9】　安全衛生委員会に関する記述として，誤っているものはどれか。

（1）安全衛生委員会の付議事項として，安全衛生教育の実施計画の作成に
　　関することがある。

（2）安全衛生委員会は，毎月1回以上開催するようにしなければならない。

（3）事業者は，委員会における議事で重要なものに係る記録を作成して2
　　年間保存しなければならない。

（4）安全衛生委員会の委員の一人は，安全管理者および衛生管理者のうち
　　から事業者が指名した者でなければならない。

解説

安全衛生委員会は，労働者の危険の防止の基本となるべき対策などの重要事項について審議を行う会議で，**記録の保存は3年間**である。　　　答　（3）

Point ➡ 安全衛生委員会→記録の保存は3年間

第2節　危険を防止するための措置等　☆☆

【問題1】　特定元方事業者が，労働災害を防止するために講じなければならない措置として，「労働安全衛生法令」上，定められていないものはどれか。

（1）協議組織の設置および運営を行うこと。
（2）作業間の連絡および調整を行うこと。
（3）作業場所を巡視すること。
（4）関係請負人が行う労働者の安全または衛生のための教育を行うこと。

解説

「関係請負人が行う労働者の安全または衛生のための**教育に対する指導および援助を行うこと。**」とされており，「**教育を行うこと。**」ではない。

答　（4）

(**Point**) ➡ 特定元方事業者→教育に対する指導・援助

【問題2】　建設業の事業場において新たに職務につくことになった職長など（作業主任者を除く。）に対し，事業者が行わなければならない安全または衛生のための教育における教育事項のうち，「労働安全衛生法令」上，規定されていないものはどれか。

（1）作業効率の確保および品質管理の方法に関すること。
（2）労働者に対する指導または監督の方法に関すること。
（3）法に定める事項の危険性または有害性などの調査およびその結果に基づき講ずる措置に関すること。
（4）異常時などにおける措置に関すること。

解説

作業効率の確保および品質管理の方法に関することは，教育対象として定められていない。教育対象は，あくまでも安全衛生にまつわる事項である。

答　（1）

(**Point**) ➡ 新たに職長につくときの教育→品質管理等は対象外

【問題3】　建設工事現場における次の業務のうち,「労働安全衛生法」上,特別教育を受けただけではつかせることができないものはどれか。

(1) つり上げ荷重が1トン未満の移動式クレーンの運転の業務
(2) 可燃性ガスおよび酸素を用いて行う金属の溶接,溶断の業務
(3) 建設用リフト運転の業務
(4) つり上げ荷重が1トン未満の移動式クレーンの玉掛けの業務

解説

アーク溶接機を用いて行う金属の溶接の業務は,特別教育を受けた者につかせることができるが,可燃性ガスおよび酸素を用いて行う金属の溶接,溶断の業務は技能講習修了者でなければつかせることはできない。

なお,(1) の移動式クレーンの運転の業務は,1トン以上5トン未満は技能講習修了者,5トン以上は免許保有者でなければつかせることはできない。(4) の移動式クレーンの玉掛けの業務はつり上げ荷重1トン以上は技能講習修了者でなければつかせることはできない。　　　　　　　答　(2)

(Point) ➡ 可燃性ガスでの金属の溶接・溶断：技能講習修了者

【問題4】　要求性能墜落制止用器具などに関する記述のうち,　　　　に当てはまる語句として,「労働安全衛生法」上,定められているものはどれか。

「事業者は,高さが　　　　の箇所で作業を行う場合において,労働者に要求性能墜落制止用器具などを使用させるときは,要求性能墜落制止用器具などを安全に取り付けるための設備などを設けなければならない。」

(1) 1.5 m 以上
(2) 1.8 m 以上
(3) 2.0 m 以上
(4) 3.0 m 以上

解説

事業者は,高さ2 m 以上の箇所で作業を行う場合において,労働者に要求性能墜落制止用器具などを使用させるときは,要求性能墜落制止用器具などを安全に取り付けるための設備などを設けなければならない。　　　　　　　答　(3)

(Point) ➡ 旧名称（安全帯）→新名称（要求性能墜落制止用器具）

【問題5】 高さが2m以上の箇所で行った高所作業に関する記述として，「労働安全衛生法」上，誤っているものはどれか。

（1）安全上必要な照度を保持する仮設照明を設けて作業させた。

（2）作業床にある開口部のまわりに，墜落防止のための手すりを設けた。

（3）つり足場の上で，高さの低い脚立を用いて作業していたので止めさせた。

（4）大雨のため足元が滑りやすくなり危険なので，要求性能墜落制止用器具を使用させて作業させた。

解説

事業者は，高さ2m以上の箇所で作業を行う場合において，強風，大雨，大雪などの悪天候のため，当該作業の実施について危険が予想されるときは，当該作業に労働者を従事させてはならない。　　　　　　　答　（4）

 Point ➡ 高さ2m以上→悪天候時は作業禁止

【問題6】 移動式足場に関する次の記述として，不適当なものはどれか。

（1）作業床の高さが1.5mを超えたので，昇降するための設備を設けた。

（2）作業床の周囲には，床面より80cmの高さに手すりを設け，中さんと副木を取り付けた。

（3）作業床の床材は，すき間が3cm以下となるように敷き並べて固定した。

（4）作業員が足場から降りたことを確認して，足場を移動させた。

解説

作業床の周囲には，床面より85cm以上の高さに手すりを設け，中さんと副木を取り付けなければならない。　　　　　　　答　（2）

 **Point** ➡ 作業床の周囲→床面から高さ85cm以上の手すり

【問題7】 墜落などによる危険を防止するための措置に関する記述として，「労働安全衛生法」上，誤っているものはどれか。

（1）踏み抜きの危険のある屋根上には，幅が25cmの歩み板を設けた。

（2）高さが2mの作業床の端，開口部には，囲いを設けた。

（3）脚立は，脚と水平面との角度が 75 度のものを使用した。

（4）移動はしごは，幅が 30 cm のものを使用した。

解説

踏み抜きの危険のある屋根上には，**幅が 30 cm 以上の歩み板**を設けなければ
ならない。　　　　　　　　　　　　　　　　　　　　　　　　　答　（1）

Point → ｜踏み抜き危険の屋根上→幅 30 cm 以上の歩み板｜

【問題 8】　物体を投下するときに投下設備を設け，監視人を置くなどの措
置を講じなければならない高さとして，「労働安全衛生法」上，定められて
いるのはどれか。

（1）2 m 以上

（2）3 m 以上

（3）4 m 以上

（4）5 m 以上

解説

ズバリ，3 m 以上である。　　　　　　　　　　　　　　　　　答　（2）

Point → ｜投下設備→高さ 3 m 以上で必要｜

【問題 9】　建設工事に使用する架設通路に関する次の記述のうち，　　　　
に当てはまる語句の組合せとして，「労働安全衛生法」上，正しいものはど
れか。

「架設通路の勾配は，　（ア）　以下とすること。ただし，階段を設けたも
のまたは高さが 2 m 未満で丈夫な手掛を設けたものはこの限りでない。また，
勾配が　（イ）　を超えるものには，踏桟その他のすべり止めを設けること。」

	ア	イ
（1）	30 度	15 度
（2）	30 度	20 度
（3）	40 度	15 度
（4）	40 度	20 度

解説

「架設通路の勾配は，30 度 以下とすること。ただし，階段を設けたものまたは高さが 2 m 未満で丈夫な手掛を設けたものはこの限りでない。また，勾配が 15 度 を超えるものには，踏桟その他のすべり止めを設けること。」

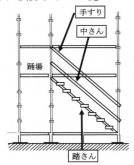

答 （1）

Point ➡ 架設通路→勾配の原則 30 度以下

規定は図と合わせて見ておくと覚えやすいよ！

第3節　クレーン等安全規則等　☆☆

【問題1】　吊り上げ荷重が5tの移動式クレーンを使用して，機械器具等を荷下ろしする場合，クレーン運転と玉掛け作業に必要な資格として，「労働安全衛生法」上，正しいものはどれか。

　　　　　クレーン運転　　　　　玉掛け作業
（1）技能講習　　　　　　　特別教育
（2）技能講習　　　　　　　技能講習
（3）免許　　　　　　　　　特別教育
（4）免許　　　　　　　　　技能講習

解説

つり上げ荷重5t以上の移動式クレーンの運転は，免許が必要である。また，つり上げ荷重1t以上の玉掛けは技能講習修了者でなければならない。

参考	玉掛け用ワイヤロープ	安全係数は6以上
	フック	安全係数は5以上

答　（4）

(**Point**) ➡ 移動式クレーン5t以上の運転は免許保有者

【問題2】　建設現場において，特別教育を修了した者が就業できる業務として，「労働安全衛生法」上，誤っているものはどれか。ただし，道路上を走行する運転を除く。

（1）研削といしの取り替えと試運転
（2）高圧の充電電路の点検と操作
（3）つり上げ荷重が2tのクレーンの玉掛け
（4）作業床の高さが8mの高所作業車の運転

解説

玉掛け作業は，つり上げ荷重が1t未満は特別教育，1t以上は技能講習修了者でなければならない。　　　　　　　　　　　　　答　（3）

(**Point**) ➡ 玉掛け作業は，つり上げ荷重で条件付

第5編

法

規

【問題3】 試験に出ました！

高所作業車に関する記述として，「労働安全衛生法令」上，誤っているものはどれか。

- （1）事業者は，高所作業車を用いて作業を行うときは，高所作業車の転倒または転落による労働者の危険を防止するため，アウトリガーを張り出すこと等，必要な措置を講じなければならない。
- （2）事業者は，高所作業車を用いて作業を行ったときは，その日の作業が終了した後に，制動装置，操作装置および作業装置の機能について点検を行わなければならない。
- （3）事業者は，高所作業車については，積載荷重その他の能力を超えて使用してはならない。
- （4）事業者は，高所作業車を用いて作業を行うときは，乗車席および作業床以外の箇所に労働者を乗せてはならない。

解説

事業者は，高所作業車を用いて作業を行うときは，その日の**作業を開始する前**に，制動装置，操作装置および作業装置の機能について点検を行わなければならない。

（参考） 移動式クレーンの定格荷重＝負荷させられる最大荷重－吊り具などの重量　　　　　　　　　　　　　　　　　　　　　　　　　　　　答　（2）

 ➡ 制動・操作・作業装置の機能点検→作業開始前

【問題4】 停電作業を行うとき，事業者が講じた措置として，「労働安全衛生法令」上，誤っているものはどれか。

- （1）作業開始前に，作業の方法および順序を周知徹底させ危険予知を行った。
- （2）開路した高圧電路について，検電器具で確実に停電を確認したので，短絡接地を省略した。
- （3）開路するために用いた開閉器に，作業中，通電禁止に関する所要事項を表示した。
- （4）開路した電路に電力用コンデンサが接続されていたので，安全な方法で残留電荷を放電させた。

解説

開路した電路が**高圧または特別高圧**であったものについては，検電器具により停電を確認し，かつ，誤通電，他の電路との混触または他の電路からの誘導による感電の危険を防止するため，必ず**短絡接地器具を用いて確実に短絡接地し**なければならない。　　　　　　　　　　　　　　　　　　　　　　　答　（2）

Point ➡ 高圧・特別高圧電路の停電作業→検電と短絡接地

【問題5】　高圧活線作業および高圧活線近接作業において，事業者が講じた措置に関する記述として，「労働安全衛生法」上，誤っているものはどれか。
（1）活線作業に従事する労働者に，活線作業用器具を使用させた。
（2）活線作業に使用する絶縁用保護具は，絶縁性能について6月以内に自主検査を行ったものを使用させた。
（3）活線作業に従事する労働者が，充電電路に対し躯側距離が50 cmであったため，当該充電電路に絶縁用防具を装着させなかった。
（4）活線近接作業において，作業に従事する労働者に対し，作業内容および電路の系統などについて周知させ，かつ作業指揮者を定めて，その者に作業を直接指揮させた。

解説

活線作業に従事する労働者が，充電電路に対し，頭上距離30 cm以内，躯側距離もしくは足下距離が60 cm以内に接近することにより感電の危険のおそれがある場合には，当該充電電路に絶縁用防具を装着させなければならない。（右図参照）
　　　　　　　　　　　　　　　　　答　（3）

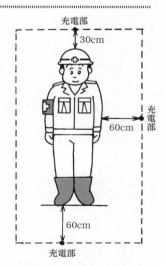

充電部
30cm

充電部
60cm

60cm

充電部

Point ➡ 防護範囲→頭上30 cm以内，躯側・足下60 cm以内

【問題6】 労働者の感電の危険を防止するための措置に関する記述として，「労働安全衛生法」上，誤っているものはどれか。
- （1）架空電線に近接する場所でクレーンを使用する作業を行うので，架空電線に絶縁用防護具を装着した。
- （2）区画された電気室において，電気取扱者以外の者の立入りを禁止したので，充電部分の感電を防止するための囲いおよび絶縁覆いを省略した。
- （3）仮設の配線を通路面で使用するので，配線の上を車両などが通過することによる絶縁被覆の損傷のおそれのないように防護した。
- （4）低圧活線近接作業において，感電のおそれのある充電電路に感電注意の表示をしたので，絶縁用保護具の着用および絶縁用防具の装着を省略した。

解説

低圧活線近接作業において，感電のおそれのある充電電路に感電注意の表示をしても，絶縁用保護具の着用および絶縁用防具の装着は省略できない。

答 （4）

Point ➡ 低圧活線近接作業→絶縁用保護具・防具は省略不可

【問題7】 酸素欠乏危険作業に関する記述として，「労働安全衛生法」上，誤っているものはどれか。
- （1）作業に係る業務に労働者をつかせるときは，特別の教育を行わなければならない。
- （2）測定した空気中の酸素の濃度が20％の状態は，酸素欠乏である。
- （3）従事させる労働者の入場および退場時には，人員の点検が必要である。
- （4）作業場所における空気中の酸素の濃度を測定したときは，そのつど，定められた事項を記録して，これを3年間保存しなければならない。

解説

測定した空気中の酸素の濃度が18％未満の状態であれば，酸素欠乏である。

答 （2）

Point ➡ 酸素欠乏→酸素濃度18％未満

【問題 8 】　**試験に出ました！**
酸素欠乏危険作業に関する記述として，「労働安全衛生法令」上，正しいものはどれか。

（1）酸素欠乏とは，空気中の酸素濃度が，21％未満の状態である。

（2）作業場所において，酸素欠乏のおそれがあるため，酸素欠乏のおそれがないことを確認するまでの間，その場所に特に指名した者以外の者が立ち入ることを禁止し，かつ，その旨を見やすい箇所に表示する。

（3）地下に設置されたマンホール内での光ファイバケーブルの敷設作業は，酸素欠乏危険場所における作業に該当しないため，酸素欠乏危険作業主任者の選任は不要である。

（4）酸素欠乏危険場所における空気中の酸素濃度測定は，午前，午後の各1回測定しなければならない。

解説

（1）酸素欠乏とは，空気中の酸素濃度が，18％未満の状態である。

（3）暗きょやマンホール内などは，酸素欠乏危険場所における作業に該当するため，酸素欠乏危険作業主任者の選任が必要である。

（4）酸素欠乏危険場所における空気中の酸素濃度測定は，**その日の作業を開始する前に**測定しなければならない。　　　　　　　　　　答　（2）

 Point ➡ 酸素欠乏→酸素濃度18％未満

【問題 9 】　労働安全衛生に関する次の記述のうち，不適当なものはどれか。

（1）作業主任者の主の職務は，作業方法を決定し作業を直接指揮すること，器具および工具を点検し不良品を取除くこと，保安帽および安全靴などの使用状況を監視することである。

（2）掘削面の高さが1.5 mの地山の掘削（ずい道およびたて坑以外の坑の掘削を除く。）作業については，地山掘削作業主任者を選任しなければならない。

（3）事業者は，爆発，酸化などを防止するため換気することができない場合または作業の性質上換気することが著しく困難な場合を除き，酸素欠乏危険作業を行う場所の空気中の酸素濃度を18％以上に保つように換気しなければならない。

（4）事業者は，酸素欠乏危険作業を行う場所において酸素欠乏のおそれが

　生じたときは，直ちに作業を中止し，労働者をその場所から退避させなければならない。

解説 ....

危険または有害な設備，作業については，作業主任者を選任することが義務づけられている。このうち，掘削面の高さが２ｍ以上の地山の掘削作業や高さが５ｍ以上の構造の足場の組立の作業」は作業主任者選任の対象となっており，技能講習修了者が作業主任者となる。　　　　　　　　答　（２）

Point ➡ ２ｍ以上の地山の掘削→作業主任者

地山は「普通の土」のことだよ！

第4章 道路法・道路交通法

第1節　道路の占用　☆☆

【問題1】 **試験に出ました！**

法令に基づく申請書等とその提出先に関する記述として，適当でないものはどれか。

（1）道路法に基づく道路占用許可申請書を道路管理者に提出し許可を受ける。

（2）振動規制法に基づく特定建設作業実施届出書を市町村長に届け出る。

（3）道路交通法に基づく道路使用許可申請書を道路管理者に提出し許可を受ける。

（4）道路法に基づく特殊車両通行許可申請書を道路管理者に提出し許可を受ける。

解説

道路交通法に基づく道路使用許可申請書は，警察署長に提出し許可を受けなければならない。　　　　　　　　　　　　　　　　　　　　　　　　答　（3）

 （Point） ➡ （使用許可）警察署長　（占用許可）道路管理者

【問題2】 **試験に出ました！**

道路の占用許可申請書に記載する事項として，「道路法」上，定められているものはどれか。

（1）交通規制の方法

（2）施設の維持管理方法

（3）施設の点検方法

（4）道路の復旧方法

解説

交通規制の方法は，道路使用許可に関するもので，道路占用許可とは関係ない。工作物，物件または施設の維持管理方法は，道路の占用許可申請書に記載する事項として定められていない。　　　　　　　　　　　　　　答　（4）

（Point） ➡ 工作物，物件または施設→維持管理は申請者側の話

【問題3】 「道路法」上，道路の占用許可に関する次の記述のうち，適切でないものはどれか。

（1）占用許可を受けようとする者は，道路の占用の目的，工作物の構造，工事実施方法などを記載した占用許可の申請書を道路管理者に提出しなければならない。

（2）水道法の規定に基づき水管を道路に設けようとする者は，道路占用許可を受けようとする場合には，災害復旧工事などを除き，あらかじめ当該工事の計画書を道路管理者に提出しておかなければならない。

（3）車道上の工事に伴う占用許可申請書の提出は，当該地域を管轄する警察署長を経由して行うことができる。

（4）道路の敷地内に工事用の現場事務所を設ける場合は，交通に支障をおよぼすおそれがなければ占用許可は免除される。

解説

現場事務所などを道路の敷地内に設ける場合には占用許可が必要であり，免除の規定はない。　　　　　　　　　　　　　　　　　　　　　　答　（4）

Point → 道路敷地内への工事現場事務所の設置→占用許可

第2節　車両通行の禁止・制限・許可等　☆

【問題1】　車両の幅等の最高限度に関する次の記述のうち,「車両制限令」上, 正しいものはどれか。ただし, 高速自動車国道または道路管理者が道路の構造の保全および交通の危険防止上支障がないと認めて指定した道路を通行する車両を除く。

（1）車両の長さは15 m
（2）車両の高さは4.5 m
（3）車両の幅は3.5 m
（4）車両の総重量は20 t

解説

車両の長さの最高限度は12 m, 高さの最高限度は3.8 m, 幅の最高限度は2.5 m, 総重量の最高限度は20 tである。　　　　　　　　　　　答　（4）

 Point ➡ 車両の総重量の最高限度→20 t

【問題2】　車両の幅等の最高限度に関する次の記述のうち,「車両制限令」上, 誤っているものはどれか。ただし, 高速自動車国道または道路管理者が道路の構造の保全および交通の危険防止上支障がないと認めて指定した道路を通行する車両, および高速自動車国道を通行するセミトレーラ連結車またはフルトレーラ連結車を除く車両とする。

（1）車両の輪荷重は5 t
（2）車両の高さは3.8 m
（3）車両の長さは12 m
（4）車両の幅は4.5 m

解説

車両の幅の最高限度は2.5 mである。　　　　　　　　　　　　　答　（4）

 Point ➡ 車両の幅の最高限度→2.5 m

第5章 河川法

第1節 河川法の概要 ☆☆

【問題1】 河川法に関する次の記述のうち，正しいものはどれか。
- （1）河川の管理は，1級河川は都道府県知事が行い，2級河川は市町村長が行う。
- （2）河川法の目的は，洪水防御と水利用の2つであり，河川環境の整備と保全はその目的に含まれない。
- （3）河川法上の河川には，ダム，堰，水門，床止め，堤防，護岸などの河川管理施設も含まれる。
- （4）河川区域には，堤防に挟まれた区域と堤内地側の河川保全区域が含まれる。

解説

（1）の河川の管理は，1級河川は国が行い，2級河川は都道府県知事が行う。

（2）河川法の目的には，河川環境の整備と保全も含まれる。

（4）河川保全区域は河川区域とは別の区分で，河川区域から 50 m の範囲である。したがって，河川区域には河川保全区域は含まれない。 答 （3）

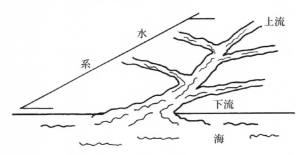

河川区分	説　　明	指定する者
1級河川	国土保全上または国民経済上，特に重要な水系で政令で指定したものに係る河川	国土交通大臣
2級河川	1級河川以外の水系で公共の利害に重要な関係があるものに係る河川	都道府県知事

 Point → 河川管理施設→河川法上の河川に含まれる

【問題2】 河川法に関する次の記述のうち，適切でないものはどれか。

（1） 1級および2級河川以外の準用河川の管理は，都道府県知事が行う。

（3） 河川管理施設の敷地である土地の区域は，河川区域に含まれる。

（3） 河川区域には，堤防に挟まれた区域と堤内地側の河川保全区域が含まれる。

（4） 河川保全区域とは，河川管理施設を保全するために河川管理者が指定した区域である。

解説

1級および2級河川以外の**準用河川の管理**は，**市町村長**が行う。

答　（1）

 (Point) → 準用河川の管理→市町村長

第2節　河川区域における行為の許可 ☆

【問題1】　試験に出ました！

河川管理者の許可が必要な事項に関する記述として，「河川法令」上誤っているものはどれか。

(1) 河川区域内で仮設の資材置場を設置する場合は，河川管理者の許可は必要ない。

(2) 河川区域内に設置した工作物を撤去する場合は，河川管理者の許可が必要である。

(3) 一時的に少量の水をバケツで河川からくみ取る場合は，河川管理者の許可は必要ない。

(4) 電線を河川区域内の上空を通過して設置する場合は，河川管理者の許可が必要である。

解説

河川区域内で仮設の資材置場を設置する場合は，河川管理者の許可は必要である。　　　　　　　　　　　　　答　(1)

Point ➡ 水量に支障きたす恐れがある→河川管理者の許可

【問題2】　試験に出ました！

河川管理者の許可が必要な事項に関する記述として，「河川法令」上誤っているものはどれか。

(1) 河川区域内で仮設の資材置場を設置する場合は，河川管理者の許可が必要である。

(2) 電線を河川区域内の上空を通過して設置する場合は，河川管理者の許可が必要である。

(3) 河川区域内で下水処理場の排水口の付近に積もった土砂を排除するときは，河川管理者の許可が必要である。

(4) 一時的に少量の水をバケツで河川からくみ取る場合は，河川管理者の許可は必要ない。

解説

河川区域内で下水処理場の排水口の付近に積もった土砂を排除するときは，河川管理者の許可は不要である。　　　　　　　答　(3)

Point → 下水処理場の排水口の土砂の排除→許可は不要

河川がらみが許可は「河川管理者」が定番だよ！

第3節 河川保全区域における規制 ☆

【問題1】 河川法上，河川管理者の許可が必要でないものは次の記述のうちどれか。

（1）河川管理施設の敷地から6m離れた河川保全区域内で，地表から高さ3m以内で堤防に沿って15mの盛土をする場合。

（2）河川管理施設の敷地から6m離れた高水敷で，橋梁の土質調査のための深さ5mのボーリングを実施する場合。

（3）河川管理施設の敷地から5m以内の河川保全区域内において5mの井戸を掘削する場合。

（4）河川管理施設の敷地から5m以内の河川保全区域内に工事の資材置場を設置する場合。

解説

高さ3m以内の盛土で堤防に沿って20m以内のものは，河川管理者の許可を必要としない。 答 （1）

Point → 高さ3m以内の盛土（20m以内）→許可不要

あまり無理せずに解説を見ておこう！

第6章．電気通信事業法

第1節　電気通信事業法の概要　☆☆

【問題1】　電気通信事業法に規定する用語について，適当なものは次のうちどれか。

（1）電気通信とは，有線，無線その他の電磁的方式により，符号，音響または影像を送り，伝え，または転送することをいう。

（2）電気通信回線設備とは，送信の場所と受信の場所との間を接続する伝送路設備およびこれと一体として設置される線路設備ならびにこれらの附属設備をいう。

（3）電気通信事業とは，電気通信役務を他人の需要に応ずるために提供する事業をいう。

（4）電気通信業務とは，電気通信事業者の行う電気通信設備の維持および運用に係る業務をいう。

解説

（1）電気通信とは，有線，無線その他の電磁的方式により，符号，音響または影像を送り，伝え，または**受ける**ことをいう。

（2）電気通信回線設備とは，送信の場所と受信の場所との間を接続する伝送路設備およびこれと一体として設置される**交換設備**ならびにこれらの附属設備をいう。

（4）電気通信業務とは，電気通信事業者の行う**電気通信役務の提供の業務**をいう。

答　（3）

Point ➡ 電気通信事業→電気通信役務を提供（他人の需要）

【問題2】　**試験に出ました！**

電気通信事業法に規定する用語について，適当なものは次のうちどれか。

（1）電気通信とは，有線，無線その他の電磁的方式により，符号，音響または影像を送り，伝え，または情報を処理することをいう。

（2）電気通信設備とは，電気通信を行うための機械，器具，線路その他の電気的設備をいう。

（3）電気通信事業とは，電気通信回線設備を他人の需要に応ずるために提供する事業をいう。

（4）電気通信業務とは，電気通信事業者の行う電気通信設備の維持および運用の提供の業務をいう。

解説

（1）電気通信とは，有線，無線その他の電磁的方式により，符号，音響または影像を送り，伝え，または<u>受けることをいう。</u>

（3）電気通信事業とは，<u>電気通信役務を他人の需要に応ずるために提供する事業をいう。</u>

（4）電気通信業務とは，電気通信事業者の行う<u>電気通信役務の提供の業務を</u>いう。

答　（2）

（**Point**）➡ 電気通信設備→機械，器具，線路，他の電気的設備

【問題3】 電気通信事業法に規定する用語について，誤っているものは次のうちどれか。

（1）電気通信とは，電気通信設備を用いて他人の通信を媒介し，その他電気通信設備を他人の用に供することをいう。

（2）電気通信回線設備とは，送信の場所と受信の場所との間を接続する伝送路設備およびこれと一体として設置される交換設備ならびにこれらの附属設備をいう。

（3）データ伝送役務とは，専ら符号または影像を伝送交換するための電気通信設備を他人の通信の用に供する電気通信役務をいう。

（4）専用役務とは，特定の者に電気通信設備を専用させる電気通信役務をいう。

解説

電気通信とは，有線，無線その他の電磁的方式により，符号，音響または影像を送り，伝え，または受けることをいう。**電気通信役務**とは，電気通信設備を用いて他人の通信を媒介し，その他電気通信設備を他人の用に供することをいう。

答　（1）

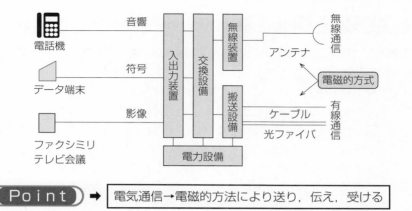

254

第2節 電気通信事業 ☆☆

【問題1】 「電気通信事業法」に規定する内容について述べた次の文章のうち，不適切なものはどれか。

(1) 電気通信事業者は，天災，事変その他の非常事態が発生し，または発生するおそれがあるときは，災害の予防若しくは救援，交通，通信もしくは電力の供給の確保または秩序の維持のために必要な事項を内容とする通信を優先的に取り扱わなければならない。

(2) 重要通信を優先的に取り扱わなければならない場合において，電気通信事業者は，必要があるときは，総務省令で定める基準に従い，電気通信業務の一部を停止することができる。

(3) 電気通信事業者は，重要通信の円滑な実施を他の電気通信事業者と相互に連携を図りつつ確保するため，他の電気通信事業者と電気通信設備を相互に接続する場合には，総務大臣に届け出た業務規程に基づき，重要通信の優先的な取扱いについて取り決めることその他の必要な措置を講じなければならない。

(4) 総務大臣は，電気通信事業者の業務の方法に関し通信の秘密の確保に支障があると認めるときは，電気通信事業者に対し，利用者の利益または公共の利益を確保するために必要な限度において，業務の方法の改善その他の措置をとるべきことを命ずることができる。

解説

電気通信事業者は，重要通信の円滑な実施を他の電気通信事業者と相互に連携を図りつつ確保するため，他の電気通信事業者と電気通信設備を相互に接続する場合には，省令で定めるところにより，重要通信の優先的な取扱いについて取り決めることその他の必要な措置を講じなければならない。　　　答　（3）

（Point） ➡ 重要通信の優先的取り扱い→省令の定めによる措置

第3節　電気通信主任技術者 ☆

【問題1】　電気通信主任技術者に関する記述として，「電気通信事業法」上，誤っているものはどれか。

（1）電気通信主任技術者は，事業用電気通信設備の管理規程を定める。

（2）電気通信事業者は，事業用電気通信設備の工事，維持および運用に関する事項を監督させるため，電気通信主任技術者を選任しなければならない。

（3）電気通信事業者は，電気通信主任技術者を選任したときは，遅滞なく，その旨を総務大臣に届け出なければならない。

（4）電気通信主任技術者資格者証の種類には，伝送交換主任技術者資格者証と線路主任技術者資格者証がある。

解説

管理規程は，電気通信事業者が定めるものである。　　　　　　答　（1）

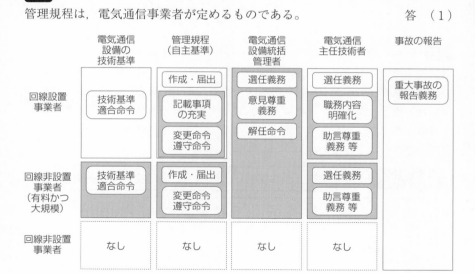

	電気通信設備の技術基準	管理規程（自主基準）	電気通信設備統括管理者	電気通信主任技術者	事故の報告
回線設置事業者	技術基準適合命令	作成・届出／記載事項の充実／変更命令遵守命令	選任義務／意見尊重義務／解任命令	選任義務／職務内容明確化／助言尊重義務 等	重大事故の報告義務
回線非設置事業者（有料かつ大規模）	技術基準適合命令	作成・届出／変更命令遵守命令		選任義務／助言尊重義務 等	
回線非設置事業者	なし	なし	なし	なし	

Point ➡ 管理規程を定める者→電気通信事業者

【問題2】 「電気通信事業法」に規定する内容に関する記述のうち，誤っているものはどれか。

(1) 電気通信事業者は，管理規程に定める事項に関する業務を統括管理させるため，事業運営上の重要な決定に参画する代表権を有し，かつ，電気通信設備の継続運用に関する一定の技術知識を保持その他の総務省令で定める要件を備える者のうちから，総務省令で定めるところにより，電気通信設備統括管理者を選任しなければならない。

(2) 電気通信事業者は，電気通信設備統括管理者を選任し，または解任したときは，総務省令で定めるところにより，遅滞なく，その旨を総務大臣に届け出なければならない。

(3) 電気通信主任技術者は，電気通信役務の確実かつ安定的な提供の確保に関し，電気通信統括管理者意見を尊重しなければならない。

(4) 電気通信事業者は，総務省令で定める期間ごとに，電気通信主任技術者に，登録講習機関が行う事業用電気通信設備の工事，維持および運用に関する事項の監督に関する講習を受けさせなければならない。

解説 ....

電気通信事業者は，管理規程に定める事項に関する業務を統括管理させるため，事業運営上の重要な決定に参画する**管理的地位にあり**，かつ，電気通信設備の継続**管理**に関する一定の**実務の経験**その他の総務省令で定める要件を備える者のうちから，総務省令で定めるところにより，電気通信設備統括管理者を選任しなければならない。　　　　　　　　　　　　　　　　　　　　答　(1)

(Point) ➡ 電気通信事業者→電気通信設備統括管理者を選任

第7章.有線電気通信法

第1節　有線電気通信法の概要　☆☆

【問題1】　有線電気通信法に規定する「有線電気通信設備の届出」について記述した文章中の　　　　　に当てはまる字句として，適切なものはどれか。

　「有線電気通信設備を設置しようとする者は，有線電気通信の方式の別，設備の使用の態様および設備の概要を記載した書類を添えて，設置の工事の開始の日の　　　　　前までに（工事を要しないときは，設置の日から　　　　　以内）に，その旨を総務大臣に届け出なければならない。」

　（1）1週間　　（2）2週間　　（3）10日　　（4）30日

解説

有線電気通信設備を設置しようとする者は，有線電気通信の方式の別，設備の使用の態様および設備の概要を記載した書類を添えて，設置の工事の開始の日の 2週間 前までに（工事を要しないときは，設置の日から 2週間 以内）に，その旨を総務大臣に届け出なければならない。　　　　　　　答　（2）

Point ➡ 届出の時期→工事の2週間前，設置の2週間以内

【問題2】　有線電気通信設備を設置しようとする者が，設備の設置工事の事前届出時の書類に記さなければならない事項として，「有線電気通信法」上，定められていないものはどれか。

　（1）有線電気通信の方式の別
　（2）設備の設置の場所
　（3）設備の概要
　（4）設置目的

解説

設置目的は，記載項目でない。　　　　　　　　　　　　　　　答　（4）

Point ➡ 設備設置工事届出→通信方式，設置場所，設備概要

第5編

法

規

第2節　有線電気通信設備令 ☆

【問題1】 **試験に出ました！**

「有線電気通信設備令」に規定する用語に関する記述として，誤っているものはどれか。

- （1）電線とは，有線電気通信を行うための導体であって，強電流電線に重畳される通信回線に係るものを含めたものをいう。
- （2）ケーブルとは，光ファイバならびに光ファイバ以外の絶縁物および保護物で被覆されている電線をいう。
- （3）線路とは，送信の場所と受信の場所との間に設置されている電線およびこれに係る中継器その他の機器（これらを支持し，または保蔵するための工作物を含む）をいう。
- （4）支持物とは，電柱，支線，つり線その他電線または強電流電線を支持するための工作物をいう。

解説

電線とは，有線電気通信を行うための導体であって，**強電流電線に重畳される通信回線に係るもの以外**のものをいう。　　　　　　答　（1）

 Point → 電線→強電流電線に重畳される通信回線は除外

【問題2】 有線電気通信設備に関する記述として，「有線電気通信法」上，誤っているものはどれか。ただし，光ファイバは除くものとする。

- （1）保護網と架空電線の垂直離隔距離を 60 cm とした。
- （2）車道上に布設する架空電線の高さを路面から 4 m とした。
- （3）他人の建造物と架空電線との離隔距離を 30 cm 以下とならないようにした。
- （4）通信回線の線路の電圧を 100 V 以下とした。

解説

架空電線が道路上に布設されているときには，架空電線の高さは路面から 5 m 以上としなければならない。　　　　　　答　（2）

 Point → 架空電線の道路上の高さは 5 m 以上

【問題 3 】　有線電気通信設備の線路に関する記述として，「有線電気通信法」上，誤っているものはどれか。ただし，光ファイバは除くものとする。

（1）河川を横断する架空電線は，舟行に支障をおよぼすおそれがない高さとした。

（2）横断歩道橋上の上に設置する架空電線は，その路面から 2.5 m の高さとした。

（3）ケーブルを使用した地中電線と高圧の地中強電流電線との離隔距離が10 cm 未満となるので，その間に堅ろうかつ耐火性の隔壁を設けた。

（4）屋内電線（通信線）が低圧の屋内強電流ケーブルと接近するので，強電流ケーブルに接触しないように設置した。

解説

横断歩道橋上の上に設置する架空電線は，路面上 3 m 以上の高さとしなければならない。　　　　　　　　　　　　　　　　　　　　　　　　答　（2）

(Point) ➡ 弱電流架空電線→横断歩道橋の路面から 3 m 以上

第 5 編

法

規

【問題 4 】　**試験に出ました！**

光ファイバケーブルの架空配線に関する記述として，「有線電気通信法令」上，誤っているものはどれか。

（1）道路の縦断方向に架空配線を行うにあたり，路面からの高さを 4 m とする。

（2）横断歩道橋の上方に架空配線を行うにあたり，横断歩道橋の路面からの高さを 3.5 m とする。

（3）電柱に設置されている他人の既設通信ケーブルと同じルートに光ファイバケーブルを設置するにあたり，その既設通信ケーブルとの離隔距離を 40 cm とする。

（4）他人の建造物の側方に架空配線を行うにあたり，その建造物との離隔距離を 50 cm とする。

解説

架空電線が道路上に布設されているときには，架空電線の高さは路面から 5 m 以上としなければならない。　　　　　　　　　　　　　　　　　　答　（1）

(Point) ➡ 架空電線の道路上の高さは 5 m 以上

【問題5】 有線電気通信設備に関する記述として，「有線電気通信法令」上，誤っているものはどれか。ただし，光ファイバを除くものとする。
- （1）横断歩道橋の上に設置する架空電線（通信線）は，その路面から3 mの高さとした。
- （2）電柱の昇降に使用するねじ込み式の足場金具を，地表上1.8 m以上の高さとした。
- （3）屋内電線（通信線）が低圧の屋内強電流電線と交差するので，離隔距離を10 cm以上とした。
- （4）屋内電線（通信線）と大地間の絶縁抵抗を直流100 Vの絶縁抵抗計で測定した結果，0.1 MΩであったので良好とした。

解説

屋内電線（通信線）と大地間の絶縁抵抗は，1 MΩ以上でなければならない。

答　（4）

（Point） ➡ 屋内電線と大地間，屋内電線相互間→1 MΩ以上

【問題6】 **試験に出ました！**

「有線電気通信法令」に基づく，有線電気設備の技術基準に関する記述として，誤っているものはどれか。
- （1）架空電線の高さは，横断歩道橋上にあるときを除き道路上にあるときは，路面から3 m以上でなければならない。
- （2）架空電線の支持物には，取扱者が昇降に使用する足場金具などを地表上1.8 m未満の高さに取付けてはならない。
- （3）架空電線は，他人の設置した架空電線との離隔距離が30 cm以下となるように設置してはならない。
- （4）屋内電線と大地の間および屋内電線相互間の絶縁抵抗は，直流100 Vの絶縁抵抗計で測定した値は，1 MΩ以上なければならない。

解説

架空電線の高さは，横断歩道橋上にあるときは路面から3 m以上，道路上にあるときは路面から5 m以上でなければならない。

答　（1）

（Point） ➡ 架空電線の道路上の高さ（横断歩道橋以外）：5 m以上

第8章. 電波法

第1節　電波法の概要 ☆☆

【問題1】　用語の定義として，「電波法」上，適切なものは次のうちどれか。

（1）「無線電信」とは，電波を利用して，モールス符号を送るための通信設備をいう。

（2）「無線電話」とは，電波を利用して音声を送るための通信設備をいう。

（3）「無線従事者」とは，無線設備の操作またはその監督を行う者であって，総務大臣の免許を受けたものをいう。

（4）「無線局」とは，無線設備および無線従事者の総体をいう。ただし，受信のみを目的とするものを含まない。

解説

（1）「**無線電信**」とは，電波を利用して，符号を送り，または受けるための通信設備をいう。

（2）「**無線電話**」とは，電波を利用して，音声その他の音響を送り，または受けるための通信設備をいう。

（4）「**無線局**」とは，無線設備および無線設備の操作を行う者の総体をいう。ただし，受信のみを目的とするものを含まない。　　　答　（3）

Point ➡ 無線従事者→無線設備の操作または監督を行う者

【問題2】　**試験に出ました！**

無線設備の変更工事を行う場合の手続きに関する記述として，「電波法」上，正しいものはどれか。

（1）免許人は，無線局の目的，通信の相手方，通信事項，放送事項，放送区域，無線設備の設置場所もしくは基幹放送の業務に用いられる電気通信設備を変更し，または無線設備の変更の工事を行った場合は，遅滞なく総務大臣の許可を受けなければならない。

（2）無線局の予備免許を受けた者は，工事設計を変更したときは，遅滞なく総務大臣へ届け出なければならない。

（3）無線局の予備免許を受けた者は，工事が落成したときは，その旨を総務大臣に届け出て，その無線局について確認を受けなければならない。

（4）無線設備の設置場所の変更または無線設備の変更の工事の許可を受けた免許人は，総務大臣の検査を受け，当該変更または工事の結果が許可の内容に適合していると認められた後でなければ，許可に係る無線設備を運用してはならない。

解説

（1），（2）予備免許を受けた者は，無線局の目的，通信の相手方，通信事項，放送事項，放送区域，無線設備の設置場所もしくは基幹放送の業務に用いられる電気通信設備を変更しようとするときは，**あらかじめ総務大臣の許可**を受けなければならない。

（3）無線局の予備免許を受けた者は，工事が落成したときは，その旨を総務大臣に届け出て，その無線設備，無線従事者の資格および員数ならびに時計および書類（無線設備等）について検査を受けなければならない。

答　（4）

Point ➡ 許可を受けた無線設備の変更工事：総務大臣の検査

【問題3】　法令に基づく申請書などと提出先などの組合せとして，誤っているものはどれか。

	申請書など	提出先など
（1）	建築基準法に基づく「建築物確認申請書」	建築主事または指定確認検査機関
（2）	労働安全衛生法に基づく「労働者死傷報告」	所轄労働基準監督署長
（3）	道路交通法に基づく「道路使用許可申請書」	所轄警察署長
（4）	電波法に基づく「高層建築物等予定工事届」	国土交通大臣

解説

31 m を超える高層ビル等の建築による遮蔽から未然に防止することを目的として，総務大臣に届け出なければならない。　　　答　（4）

Point ➡ 高層建築物等予定工事届出→届出先は総務大臣

第 2 節　無線設備 ☆☆

【問題 1 】　次の記述は，電波の質および受信設備の条件について述べたものである。「電波法」の規定に照らし，_____に入れるべき最も適切な字句の組合せとして適切なものはどれか。

①送信設備に使用する電波の　A　，　B　電波の質は総務省令で定めるところに適合するものでなければならない。

②受信設備は，その副次的に発する電波または高周波電流が，総務省令で定める限度をこえて　C　無線設備の機能に支障を与えるものであってはならない。

	A	B	C
（ 1 ）	周波数の偏差および幅	高調波の強度等	他の
（ 2 ）	周波数の偏差および安定度	空中線電力の偏差等	他の
（ 3 ）	周波数の偏差および安定度	高調波の強度等	電気通信業務の
（ 4 ）	周波数の偏差および幅	空中線電力の偏差等	電気通信業務の

第 5 編

法

規

解説

①　送信設備に使用する電波の 周波数の偏差および幅 ，高調波の強度等 電波の質は総務省令で定めるところに適合するものでなければならない。

②　受信設備は，その副次的に発する電波または高周波電流が，総務省令で定める限度をこえて 他の 無線設備の機能に支障を与えるものであってはならない。

答　（ 1 ）

Point ➡ 受信設備→他の無線設備の機能に支障を与えない

【問題 2 】　**試験に出ました！**

無線設備の送信装置における周波数の安定のための条件について，「電波法令」上，誤っているものはどれか。

（ 1 ）周波数をその許容偏差内に維持するため，送信装置はできる限り電源電圧または負荷の変化によって発振周波数に影響を与えないものでなければならない。

（ 2 ）移動局の送信装置は，実際上起こり得る気圧の変化によっても周波数をその許容偏差内に維持するものでなければならない。

（3）周波数をその許容偏差内に維持するため，発振回路の方式は，できる限り外囲の温度もしくは湿度の変化によって影響を受けないものでなければならない。

（4）水晶発振回路に使用する水晶発振子は，発振周波数が当該送信装置の水晶発振回路によりまたはこれと同一の条件の回路によりあらかじめ試験を行って決定されているものであること。

解説

移動局（移動するアマチュア局を含む）の送信装置は，実際上起り得る**振動または衝撃**によっても周波数をその許容偏差内に維持するものでなければならない。 答 （2）

 ➡ 移動局の送信装置→振動・衝撃でも周波数を維持

第3節 無線従事者 ☆

【問題1】 **試験に出ました！**

非常通信に関する次の記述の [   ] に当てはまる語句の組合せとして，「電波法」上，正しいものはどれか。

「地震，台風，洪水，津波，雪害，火災，暴動その他非常の事態が発生し，または発生する恐れがある場合において，[ア] を利用することができないかまたはこれを利用することが著しく困難であるときに人命の救助，災害の救援，[イ] または秩序の維持のために行われる無線通信をいう。」

	（ア）	（イ）
（1）	有線通信	公共通信の確保
（2）	有線通信	交通通信の確保
（3）	防災通信	公共通信の確保
（4）	防災通信	交通通信の確保

解説

「地震，台風，洪水，津波，雪害，火災，暴動その他非常の事態が発生し，または発生する恐れがある場合において，**有線通信** を利用することができないかまたはこれを利用することが著しく困難であるときに人命の救助，災害の救援，**交通通信の確保** または秩序の維持のために行われる無線通信をいう。」

答 （2）

(Point) → 非常通信→有線通信が利用できない場合の無線通信

【問題2】 「電波法施行規則」の規定により，固定局が免許状に記載された目的の範囲を超えて運用することができる通信に該当しないのは，次のうちどれか。

- （1） 無線機器の試験または調整をするために行う通信
- （2） 気象の照会のために気象官署との間で行う通信
- （3） 非常通信の訓練のための通信
- （4） 電波の規制に関する通信

解説

気象の照会のための通信には目的外通信の適用を受けるものもあるが，固定局が気象官署との間で行う通信は目的外通信に該当しない。

答 （2）

(Point) → 固定局⇔気象官署：目的外通信に該当せず

第9章 放送法

第1節 放送法の概要 ☆

【問題1】 放送法に規定する用語に関する記述のうち，適当なものはどれか。

（1）放送とは，公衆によって直接受信されることを目的とする電気通信の送信をいう。

（2）一般放送とは，電波法の規定により放送をする無線局に専らまたは優先的に割り当てられるものとされた周波数の電波を使用する放送をいう。

（3）超音波放送とは，526.5 kHz から 1606.5 kHz までの周波数を使用して音声その他の音響を送る放送をいう。

（4）中波放送とは，30 MHz を超える周波数を使用して音声その他の音響を送る放送であって，テレビジョン放送に該当せず，かつ，他の放送の電波に重畳して行う放送でないものをいう。

解説

（2）は基幹放送，（3）は中波放送，（4）は超短波放送である。　答　（1）

(**Point**) ➡ 放送→公衆が直接受信するための電気通信の送信

放送は公衆のためのものだね！

第10章 その他の関連法規

第1節　電気事業法等 ☆☆

【問題1】 電気工作物として,「電気事業法」上, 定められていないものはどれか。

　（1）電気鉄道用の変電所
　（2）火力発電のために設置するボイラ
　（3）水力発電のための貯水池および水路
　（4）電気鉄道の車両に設置する電気設備

解説

電車, 飛行機, 船舶, 自動車などの移動体の電気設備は, 別の法律（鉄道営業法, 軌道法, 鉄道事業法, 航空法, 船舶安全法, 道路運送車両法）の適用を受けるため, 電気事業法では重複を避けるため定められていない。　答　（4）

第5編

法

規

Point → 電車の電気設備→電気事業法上の電気工作物でない

【問題2】 一般送配電事業者が供給する電気の電圧に関する次の文章中, ▢ に当てはまる数値として,「電気事業法」上, 定められているものはどれか。

　「標準電圧 200 V の電気を供給する場所において, 供給する電気の電圧の値は, 202 V の上下 ▢ V を超えないよう維持するように努めなければならない。」

　（1）8
　（2）10
　（3）18
　（4）20

解説

維持すべき電圧は, 101 ± 6 V, 202 ± 20 V である。　答　（4）

Point → 電灯 101 ± 6 [V], 動力 202 ± 20 [V]

【問題3】 自家用電気工作物を設置する者が「電気事業法」に基づいて行う事故報告に関する記述として，誤っているものは次のうちどれか。

(1) 報告書の提出は，事故の発生を知った日から起算して30日以内に行う。

(2) 事故報告は所轄産業保安監督部長に行う。

(3) 事故発生の連絡は，事故の発生を知ったときから48時間以内に行う。

(4) 電気火災事故は事故報告の対象となっている。

解説

事故発生の所轄産業保安監督部長への連絡（速報）は，事故の発生を知ったときから24時間以内に行わなければならない。 答 （3）

 Point ➡ 事故報告：（速報）24時間以内，（詳報）30日以内

【問題4】 **試験に出ました！**

「電気設備に関する技術基準の解釈」に規定されているA種接地工事の接地抵抗値として，正しいものはどれか。

(1) 10〔Ω〕以下

(2) 100〔Ω〕以下

(3) 150〔Ω〕以下

(4) 500〔Ω〕以下

解説

❶A種接地工事は，高圧または特別高圧の機器の鉄台，金属製外箱などの接地に用いられるものである。

❷A種接地工事の接地抵抗値は10〔Ω〕以下で，接地線は直径2.6 mm以上のものを使用する必要がある。

答 （1）

 Point ➡ A種接地工事→接地抵抗値は10〔Ω〕以下

【問題 5】 **試験に出ました！**

低圧屋内配線における，施設場所による工事の種類に関する記述として，「電気設備の技術基準の解釈」上，誤っているものはどれか。

(1) ケーブル工事は，使用電圧が 300 V 超過で，乾燥した展開した場所に施設することができる。
(2) 合成樹脂管工事は，使用電圧が 300 V 以下で，湿気の多い展開した場所に施設することができる。
(3) 金属可とう電線管工事は，使用電圧が 300 V 超過で，乾燥した展開した場所に施設することができる。
(4) 金属ダクト工事は，使用電圧が 300 V 以下で，湿気の多い展開した場所に施設することができる。

解説

金属ダクト工事は，乾燥した場所には施設できるが，湿気の多い場所や水気のある場所には施設できない。金属管工事，合成樹脂管工事，金属可とう電線管工事，ケーブル工事の 4 つは屋内配線であれば制約なしに施設できる。

答　(4)

第5編

法

規

Point ➡ 金属ダクト工事→乾燥した場所しか施設できない

【問題 6】 **試験に出ました！**

低圧配線の施工に関する記述として，適当でないものはどれか。

(1) 400 V 回路で使用する電気機械器具の金属製の台および外箱に，C 種接地工事を施した。
(2) 金属管工事において，単相 2 線式回路の電線 2 条を金属管 2 本にそれぞれ分けて敷設した。
(3) 合成樹脂管工事において，電線の接続を行うため，アウトレットボックスを設けて電線を接続した。
(4) 100 V 回路で使用する電路において，電線と大地との間の絶縁抵抗値が 0.1 MΩ 以上であることを確認した。

解説

単相 2 線式では，電線 2 条を金属管 1 本に入れて敷設する。　　答　(2)

Point ➡ 同一金属管に収納→渦電流による金属管の過熱防止

【問題7】 **試験に出ました！**

低圧ケーブルの屋内配線の施工に関する記述として，適当なものはどれか。

- （1）通信ケーブルと接近する箇所では，通信ケーブルから5cm離して配線した。
- （2）使用電圧が415Vで，重量物の圧力を受けるおそれがあったため，防護のため長さ5mの厚鋼電線管により防護し，その配管にはD種接地工事を施した。
- （3）ピット内に余裕がなかったため屈曲部の内側半径をケーブル仕上がり外形寸法の5倍以下の曲がりをとり，整然とケーブル配線した。
- （4）400V回路で使用する電路において，低圧ケーブルと大地間の絶縁抵抗値が0.2MΩ以上であることを確認した。

解説

- （1）ケーブル工事により施設する低圧配線が，弱電流電線または水管などと接近しまたは交差する場合は，**低圧配線が弱電流電線または水管などと接触しないように施設すること**と規定されている。通信ケーブルは弱電流電線に該当するので，5cm離して配線しているので規定どおりの工事となっている。
- （2）防護のための厚鋼電線管が4m以下のものを乾燥した場所に施設する場合には，接地工事を省略できるが長さ5mであるので省略できない。また，使用電圧が300Vを超えているので，C種接地工事としなければならない。
- （3）屈曲部の内側半径は，ケーブル仕上がり外形寸法の6倍以上としなければならない。
- （4）400V回路で使用する電路は，使用電圧が300Vを超える電路に該当するので，低圧ケーブルと大地間の絶縁抵抗値は0.4MΩ以上でなければならない。

答 （1）

（Point）→ 低圧ケーブルと通信ケーブルの接近：接触させない

【問題8】　**試験に出ました！**

電気設備において，低圧の幹線および配線に関する記述として，「電気設備の技術基準の解釈」上，誤っているものはどれか。ただし，負荷側には電動機またはこれに類する起動電流が大きい電気機械器具は接続されていないものとする。

（1）低圧幹線の電線は，供給される負荷である電気使用機械器具の定格電流の合計値以上の許容電流のものを使用した。

（2）低圧分岐回路の電線の許容電流が，その電線に接続する低圧幹線を保護する過電流遮断器の定格電流の35％であるため，低圧幹線の分岐点から9mの箇所に分岐回路を保護する過電流遮断器を施設した。

（3）低圧幹線の電源側電路に設置する過電流遮断器は，当該低圧幹線に使用する電線許容電流よりも低いものを施設した。

（4）低圧分岐回路の電線の許容電流が，その電線に接続する低圧幹線を保護する過電流遮断器の定格電流の30％であるため，低圧幹線の分岐点から3mの箇所に分岐回路を保護する過電流遮断器を施設した。

第5編

法

規

解説

❶　低圧屋内幹線の分岐回路では，**原則**として分岐点から**3m以下**の箇所に開閉器および過電流遮断器を施設しなければならない。

❷　分岐回路の許容電流 I_W が幹線側の**過電流遮断器の定格電流 I_B の35％以上である場合は過電流遮断器を分岐点から8m以下**に，55％以上である場合には過電流遮断器を分岐点からの距離の制限なしに施設できる。

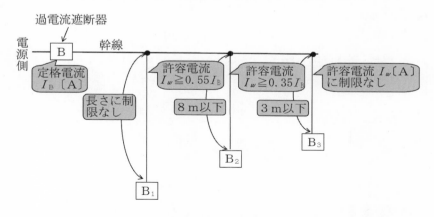

過電流遮断器の施設の緩和　　　　答　（2）

【問題9】 電気用品に関する記述について，「電気用品安全法」上，不適切なものはどれか。

（1）電気用品とは，自家用電気工作物の部分となり，またはこれに接続して用いられる機械，器具または材料であって，政令で定めるものをいう。

（2）特定電気用品とは，構造または使用方法その他の使用状況からみて特に危険または障害の発生するおそれが多い電気用品であって，政令で定めるものをいう。

（3）電気用品の製造の事業を行う者は，電気用品の区分に従い，必要な事項を経済産業大臣または所轄経済産業局長に届け出なければならない。

（4）届出事業者は，届出に係る型式の電気用品を製造する場合においては，電気用品の技術上の基準に適合しなければならない。

解説

「電気用品」に該当するものは，次のとおりである。

❶ **一般用電気工作物の部分**となり，またはこれに接続して用いられる機械，器具または材料であって，政令で定めるもの。

❷ **携帯発電機，蓄電池**であって，政令で定めるもの。

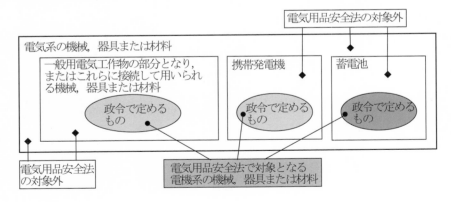

答　（1）

【問題 10】「電気用品安全法」における特定電気用品に関する記述として，不適切なものはどれか。

(1) 電気用品の製造の事業を行う者は，一定の要件を満たせば特定電気用品に $\langle{}_{E}^{PS}\rangle$ のマークを付すことができる。

(2) 法令に定める表示のない特定電気用品は販売してはならない。

(3) 輸入した特定電気用品には，JIS マークを付さなければならない。

(4) 電気工事士は，法令に定める表示のない特定電気用品を電気工事に使用してはならない。

解説

輸入した特定電気用品は，特定電気用品であるので $\langle{}_{E}^{PS}\rangle$ マークを付さなければならない。

(参考) 表示記号

記号の種類	特定電気用品	特定電気用品以外の電気用品
表示記号	◇PS E◇	○PS E○
代替表示記号	< PS > E	(PS) E

答　(3)

(P o i n t) ➡ 特定電気用品→記号は $\langle{}_{E}^{PS}\rangle$

【問題 11】　特定電気用品に該当するものとして，「電気用品安全法」上，誤っているものはどれか。ただし，使用電圧 200 V の交流の電路に使用するものとし，機械器具に組み込まれる特殊な構造のものおよび防爆型のものは除くものとする。

(1) 漏電遮断器（定格電流 100 A）

(2) 温度ヒューズ

(3) 電気温床線

(4) マルチハロゲン灯用安定器（定格消費 $\langle{}_{E}^{PS}\rangle$ 電力 200 W）

解説

電気温床線は，特定電気用品以外の電気用品である。

（1）漏電遮断器は，定格電流 100 A 以下が特定電気用品である。

（2）温度ヒューズは，すべて特定電気用品である。

（4）マルチハロゲン灯用安定器は，放電管の定格容量が 500 W 以下のものが特定電気用品である。

答　（3）

 Point ➡ 電気温床線→記号は

【問題 12】　電気工事士等に関する記述として，「電気工事士法」上，誤っているものはどれか。ただし，保安上支障がないと認められる作業であって省令で定める軽微なものを除く。

（1）第一種電気工事士は，自家用電気工作物に係るネオン工事の作業に従事することができる。

（2）第二種電気工事士は，一般用電気工作物に係る電気工事の作業に従事することができる。

（3）認定電気工事従事者は，自家用電気工作物に係る電気工事のうち簡易電気工事の作業に従事することができる。

（4）第一種電気工事士は，自家用電気工作物の保安に関する所定の講習を受けなければならない。

解説

第一種電気工事士は，自家用電気工作物に係るネオン工事と非常用予備発電装置工事の作業には従事できない。これらの工事に従事するには，特種電気工事資格者認定証の保有者でなければならない。　　　　答　（1）

 ➡ 自家用電気工作物のネオン工事→第一種はできない

【問題 13】　**試験に出ました！**

電気工事士等に関する記述として，「電気工事士法」上，誤っているものは
どれか。

(1) 電気工事士免状は，都道府県知事が交付する。
(2) 都道府県知事は，認定電気工事従事者認定証の返納を命ずることがで
きる。
(3) 電気工事士免状の種類は，第一種電気工事士免状および第二種電気工
事士免状である。
(4) 特種電気工事資格者認定証は，経済産業大臣が交付する。

解説

電気工事士法に定める免状や認定証の交付の区分は，下表のようになってい
る。免状や認定証の返納を命ずるのは，それぞれの交付者である。

免状などの種類	交付者
第一種および第二種電気工事士免状	都道府県知事
特種電気工事資格者認定証	経済産業大臣
認定電気工事従事者認定証	

答　(2)

Point → 認定電気工事従事者認定証の交付と返納→経済産業大臣

【問題 14】　一般用電気工作物において，「電気工事士法」上，電気工事士
でなければ従事してはならない作業として，正しいものはどれか。

(1) 電線を支持する柱，腕金を設置する。
(2) 地中電線用の埋設配管を設置する。
(3) 接地線を電気工作物に接続する。
(4) 配線器具を除く電気機器にケーブルをねじ止めする。

解説

接地線を電気工作物に接続する作業は，電気工事士でなければ従事してはなら
ない。　　　　　　　　　　　　　　　　　　　　　　　　　　答　(3)

Point → 線地線の電気工作物への接続→電気工事士での作業

【問題 15】 電気工事の事業者が，一般用電気工事のみの業務を行う営業所に備えなければならない器具として，「電気工事業の業務の適正化に関する法律」上，定められていないものはどれか。

（1）低圧検電器

（2）絶縁抵抗計

（3）接地抵抗計

（4）抵抗および交流電圧を測定することができる回路計

解説

営業所ごとに備えなければならない器具は，電気工作物の別によって，下表のように定められている。表より，一般用電気工事のみの業務を行う営業所に備えなくてもよい器具は，低圧検電器である。

表　営業所ごとに備えなければならない器具

一般用電気工作物の電気工事業者	・絶縁抵抗計　・接地抵抗計　・回路計
自家用電気工作物の電気工事業者	上記のほか　　・低高圧検電器・継電器試験装置・絶縁耐力試験装置

答　（1）

Point → 低高圧検電器→自家用電気工作物の工事では必要

【問題 16】 建設工事に伴って生じたもののうち産業廃棄物として，「廃棄物の処理および清掃に関する法律」上，定められていないものはどれか。

（1）汚泥　　（2）木くず　　（3）陶磁器くず　　（4）建設発生土

解説

建設発生土は再利用できるので，産業廃棄物ではない。　　　　答　（4）

Point → 汚泥は産業廃棄物，建設発生土は産業廃棄物でない

【問題 17】　(試験に出ました！)

建設現場で発生する廃棄物の種類に関する記述として，適当なものはどれか。

（1）工作物の除去により生じたコンクリート破片は，一般廃棄物である。

（2）工作物の除去により生じた非鉄金属の破片は，特別管理産業廃棄物である。

（3）工作物の除去により生じた木くずは，一般廃棄物である。

（4）工作物の除去により生じた繊維くずは，産業廃棄物である。

解説

（1）工作物の除去により生じたコンクリート破片は，**「コンクリートくず」** で産業廃棄物である。

（2）工作物の除去により生じた非鉄金属の破片は，**「金属くず」** で産業廃棄物である。

（3）工作物の除去により生じた **「木くず」** は，産業廃棄物である。　答　（4）

　Point → 　繊維くず→産業廃棄物

【問題 18】　産業廃棄物に関する記述について，**「廃棄物の処理および清掃に関する法律」** 上，誤っているものはどれか。

（1）事業活動に伴って生じた汚泥，廃油および廃液は，産業廃棄物である。

（2）事業者は，産業廃棄物を運搬するまでの間，産業廃棄物保管基準に従い，生活環境の保全上支障のないように保管しなければならない。

（3）管理票交付者は，産業廃棄物の処分が完了した旨が記載された管理票の写しを，送付を受けた日から 5 年間保存しなければならない。

（4）発生した産業廃棄物を事業場の外において保管を行った事業者は，保管をした日から 30 日以内に都道府県知事に届け出なければならない。

解説

発生した産業廃棄物を事業場の外において保管しようとする事業者がしなければならない届出は，事後でなく事前である。　　　　　　　答　（4）

Point → 　産業廃棄物の事業場外保管→事前に知事に届出

【問題 19】 建設資材廃棄物に関する記述として，「建設工事に係る資材の再資源化等に関する法律」上，誤っているものはどれか。

(1) 建設業を営む者は，建設資材廃棄物の再資源化により得られた建設資材を使用するよう努めなければならない。

(2) 建設工事の元請業者は，当該工事に係る特定建設資材廃棄物の再資源化等が完了したときは，その旨を都道府県知事に書面で報告しなければならない。

(3) 解体工事における分別解体等とは，建築物等に用いられた建設資材に係る建設資材廃棄物をその種類ごとに分別しつつ当該工事を計画的に施工する行為である。

(4) 再資源化には，分別解体等に伴って生じた建設資材廃棄物であって燃焼の用に供することができるものを，熱を得ることに利用できる状態にする行為が含まれる。

解説

建設工事の**元請業者**は，当該工事に係る特定建設資材廃棄物の再資源化等が完了したときは，その旨を**発注者に書面で報告**しなければならない。　答　(2)

Point ➡ 再資源化等の完了→元請業者は発注者に書面で報告

【問題 20】 建設工事に使用する資材のうち，「建設工事に係る資材の再資源化等に関する法律」上，「特定建設資材」でないものはどれか。

(1) コンクリートおよび鉄からなる建設資材
(2) アスファルト・コンクリート
(3) プラスチック
(4) 木材

解説

特定建設資材は，①**コンクリート**，②**コンクリートおよび鉄からなる建設資材**，③**アスファルト・コンクリート**，④**木材**である。　　　答　(3)

Point ➡ プラスチック→特定建設資材でない

【問題 21】　**試験に出ました！**

「建築基準法」で定められている用語の定義として，誤っているものはどれか。

　（1）建築物に設ける「エレベーター」は，建築設備である。

　（2）建築物における「執務のために継続的に使用する室」は，居室である。

　（3）建築物における「ひさし」は，主要構造部である。

　（4）「工場の用途に供する建築物」は，特殊建築物である。

解説

建築物における主要構造部は，**壁，柱，床，はり，屋根，階段**である。

答　（3）

 Point → ひさし→主要構造部でない

第5編 法規

【問題 22】　特殊建築物として，「建築基準法」上，定められていないものはどれか。

　（1）体育館　　　（2）旅館　　　（3）百貨店　　　（4）事務所

解説

特殊建築物は，人が多く集まるような建築物である。住宅や事務所は対象外となっている。

答　（4）

 Point → 住宅や事務所→特殊建築物でない

【問題 23】　建築物の主要構造部として，「建築基準法」上，定められていないものはどれか。

　（1）壁　　　（2）柱　　　（3）はり　　　（4）基礎

解説

主要構造部は，火災時の類焼の防止や，避難する上で配慮しなければならない部分であり，基礎は主要構造部にはしない。

答　（4）

 Point → 基礎→主要構造部でない

【問題 24】 次の記述のうち,「建築基準法」上,誤っているものはどれか。

(1) 建築とは,建築物を新築し,増築し,改築し,または移転することをいう。

(2) 建築設備の一種以上について行う過半の修繕は,大規模の修繕である。

(3) 避難階とは,直接地上へ通ずる出入口のある階をいう。

(4) 共同住宅の用途に供する建築物は,特殊建築物である。

解説

建築設備は,建築物の主要構造部ではない。建築物の**主要構造部の一種以上について行う過半の修繕**は,大規模の修繕である。同様に,建築物の**主要構造部の一種以上について行う過半の模様替え**は,大規模の模様替である。

答 (2)

(Point) ➡ 大規模の修繕＝主要構造部の一種以上の過半の修繕

【問題 25】 用語の定義に関する記述として,「建築基準法」上,誤っているものはどれか。

(1) ガラスは不燃材料であり,耐水材料でもある。

(2) 共同住宅の用途に供する建築物は,特殊建築物である。

(3) 建築物に設ける煙突は,建築設備である。

(4) 構造上重要でない最下階の床の過半の修繕は,大規模の修繕に該当する。

解説

建築物の**主要構造部の一種以上について行う過半の修繕**は,大規模の修繕である。したがって,構造上重要でない最下階の床は主要構造部でないため,この過半の修繕は大規模の修繕に該当しない。

答 (4)

(Point) ➡ 最下階の床→主要構造部でない

【問題 26】　次の記述のうち，「建築士法」上，誤っているものはどれか。

(1) 建築設備士は，建築設備に関する知識および技能につき国土交通大臣が定める資格を有する者である。

(2) 建築士は，建築物に関する調査または鑑定を行うことができる。

(3) 二級建築士は，延べ面積 1000 m^2 の学校の用途に供する建築物を新築する場合においては，その工事監理をすることができる。

(4) 建築士は，延べ面積が 2000 m^2 を超える建築物の建築設備に係る工事監理をおこなう場合においては，建築設備士の意見を聞くよう努めなければならない。

解説

延べ面積 500 m^2 を超える学校の用途に供する建築物を新築する場合における工事監理は，1 級建築士でなければならない。　　　　　　　　答　（3）

Point ➡ 延べ面積500 m^{2}を超える学校→1級建築士が監理

【問題 27】　次の記述のうち，「建築士法」上，誤っているものはどれか。

(1) 一級建築士とは，国土交通大臣の免許を受け，一級建築士の名称を用いて，建築物に関し，設計，工事監理その他の業務を行う者をいう。

(2) 建築設備士とは，建築設備に関する知識および技能につき国土交通大臣が定める資格を有する者をいう。

(3) 設計図書とは，建築物の建築工事の実施のために必要な図面および仕様書をいい，現寸図その他これに類するものを含む。

(4) 一級建築士は，他の一級建築士の設計した設計図書の一部変更の承諾が得られなかったときは，自己の責任において，その設計図書の一部を変更することができる。

解説

「設計図書」とは建築物の建築工事実施のために必要な図面（現寸図その他これに類するものを除く。）および仕様書をいう。　　　　　　　　答　（3）

Point ➡ 設計図書→現寸図その他これに類するものは対象外

【問題 28】 消防用設備等のうち，消火活動上必要な施設として，「消防法」上，定められていないものはどれか。
　　（1）排煙設備　　　　　　　（2）連結送水管
　　（3）非常コンセント設備　　（4）非常警報設備

解説

非常警報設備は消防設備のうちの警報設備である。　　　　　　答　（4）

 Point ➡ 非常警報設備→消防設備（警報設備）

【問題 29】 防災設備とその非常電源容量の組合せとして，「消防法」上，誤っているものは次のうちどれか。
（防災設備）	（非常電源容量）
（1）非常コンセント設備	30 分間以上
（2）自動火災報知設備	10 分間以上
（3）屋内消火栓設備	30 分間以上
（4）誘導灯	10 分間以上

解説

誘導灯の非常電源は，蓄電池設備によるものとし，非常電源容量は 20 分間以上と規定されている。　　　　　　答　（4）

 Point ➡  警報 10 分→避難 20 分→消火 30 分 と覚える

【問題 30】 次の消防用設備などのうち，「消防法」上，非常電源を附置する必要のないものはどれか。
　　（1）屋内消火栓設備
　　（2）連結散水設備
　　（3）不活性ガス消火設備
　　（4）スプリンクラー設備

解説

連結散水設備は，「**消火活動上必要な施設**」の一つである。地下室などの天井面に散水ヘッドを設置し，これと建物外部の送水口とを配管で接続している。

　消防隊が消防ポンプ自動車から送水ができるよう送水口に接続し，散水ヘッ

ドから放水する。このため，非常電源を附置する必要はない。　　答　（2）

（Point）➡ 連結散水設備→非常電源の附置は不要

【問題 31】　工事の申請・届出書類の名称と提出先の組合せのうち，適当でないものはどれか。

　　　　　（申請・届出書類の名称）　　　　　　　（提出先）
（1）消防用設備等設置届出書──────消防長または消防署長
（2）確認申請に基づく工事完了届───建築主事または指定確認検査機関
（3）危険物（指定数量以上）貯蔵所設置
　　　許可申請書──────────消防長または消防署長
（4）道路使用許可申請書────────警察署長

解説

危険物（指定数量以上）貯蔵所や取扱所の設置許可申請書は，設置者が着工前に都道府県知事または市町村長に提出しなければならない。　　答　（3）

（Point）➡ 危険物貯蔵所設置許可申請→知事または市町村長

【問題 32】　試験に出ました！

消防用設備等に関する記述として，「消防法令」上，誤っているものはどれか。

（1）消火設備，警報設備および避難設備は，消防の用に供する設備に該当する。
（2）無線通信補助設備は，消火活動上必要な施設に該当する。
（3）自動火災報知設備には，非常電源を附置しなければならない。
（4）漏電火災警報器は，甲種消防設備士が設置工事にあたり，乙種消防設備士が整備にあたる。

解説

漏電火災警報器の設置工事は電気工事士が行うもので，甲種消防設備士の工事の対象外である。なお，整備は甲種または乙種消防設備士が行う。

　　　　　　　　　　　　　　　　　　　　　　　　　　答　（4）

（Point）➡ 漏電火災警報器の設置工事→電気工事士が行う

【問題33】 物の燃焼，合成などに伴い発生する物質のうち，「大気汚染防止法」上，ばい煙として定められていないものはどれか。

　（1）鉛
　（2）塩素
　（3）カドミウム
　（4）一酸化炭素

解説

「ばい煙」とは，物の燃焼などに伴い発生するいおう酸化物，ばいじん，有害物質（カドミウムおよびその化合物，塩素および塩化水素，ふっ素，ふっ化水素およびふっ化けい素，鉛およびその化合物，窒素酸化物）をいう。

答　（4）

 Point → 一酸化炭素→ばい煙でない

【問題34】 **試験に出ました！**

法令に基づく申請書などとその提出先に関する記述として，適当でないものはどれか。

　（1）道路において工事を行うため，道路使用許可申請書を所轄警察署長に提出する。
　（2）騒音規制法の指定地域内で，特定建設作業を伴う建設工事を施工するため，特定建設作業実施届出を都道府県知事に届け出る。
　（3）国立公園の特別地域内に，木を伐採して工事用の資材置き場を確保するため，特別地域内規制基準とは，特定工場などにおいて発生する騒音の特定工場などの木竹の伐採許可申請書を都道府県知事に提出する。
　（4）一定期間以上つり足場を設置するため，機械等設置届出を所轄労働基準監督署長に届け出る。

解説

騒音規制法の指定地域内で，特定建設作業を伴う建設工事を施工しようとする者は，当該特定建設作業の開始の日の7日前までに，**市町村長**に届け出なければならない。

答　（2）

 Point → 騒音規制法の指定地域内での特定建設作業

→作業開始の7日前までに市町村長に届出

【問題 35】　サイバーセキュリティ基本法の説明として，適切なものはどれか。

（1）国民に対し，サイバーセキュリティの重要性につき関心と理解を深め，その確保に必要な注意を払うよう努めることを求める規定がある。

（2）サイバーセキュリティに関する国および情報通信事業者の責務を定めたものであり，地方公共団体や教育研究機関についての言及はない。

（3）サイバーセキュリティに関する国および地方公共団体の責務を定めたものであり，民間事業者が努力すべき事項についての規定はない。

（4）地方公共団体を「重要社会基盤事業者」と位置づけ，サイバーセキュリティ関連施策の立案・実施に責任を負うと規定している。

解説

（2）地方公共団体および教育研究機関の責務も言及されている。

（3）重要社会基盤事業者，サイバー関連事業者およびその他の事業者の責務についても言及されている。

（4）サイバーセキュリティ関連施策の立案・実施に責任を負うのは国であると規定されている。　　　　　　　　　　　　　答　（1）

Point ➡ サイバーセキュリティ基本法→国民の関心と理解

【問題 36】　不正アクセス禁止法において規制される行為に該当するものはどれか。

（1）Web サイトにアクセスしただけで直ちに有料会員として登録する仕組みを作り，利用者に料金を請求する。

（2）コンピュータのプログラムで様々な組合せのメールアドレスを生成し，それを宛先として商品の広告を発信する。

（3）他人のクレジットカードから記録情報を読み取って偽造カードを作成し，不正に商品を購入する。

（4）他人の利用者 ID とパスワードを本人に無断で用いてインターネットショッピングのサイトにログインし，その人の購買履歴を閲覧する。

解説

（1）（3）は詐欺罪，（2）は特定電子メール法の規制行為である。　答　（4）

Point ➡ 他人のIDやパスワード利用→不正アクセスの禁止

付録　実地試験の概要

　　学科試験の次の学習は実地試験対策です。この本は，学科試験対策用ですが，2019 年に実施された初回の 1 級と 2 級の実地試験問題と解答例を掲載しています。参考として，実地試験とはいかなるものなのかを見ておきましょう！

次のページから，2019 年の実地試験問題と解答例を掲載しています。
是非，見ておいてください!!

◉１級実地試験問題

【問題１】 あなたが経験した電気通信工事のうちから，代表的な工事を１つ選び，次の設問１から設問３の答えを解答欄に記述しなさい。

〔注意〕 代表的な工事の工事名が工事以外でも，電気通信設備の据付調整が含まれている場合は，実務経験として認められます。

ただし，あなたが経験した工事でないことが判明した場合は失格となります。

〔設問１〕 あなたが**経験した電気通信工事**に関し，次の事項について記述しなさい。

〔注意〕 「経験した電気通信工事」は，あなたが工事請負者の技術者の場合は，あなたの所属会社が受注した工事内容について記述してください。従って，あなたの所属会社が二次下請業者の場合は，発注者名は一次下請業者名となります。

なお，あなたの所属が発注機関の場合の発注者名は，所属機関名となります。

(1) 工　事　名

(2) 工事の内容

　　① 発注者名

　　② 工事場所

　　③ 工　　期

　　④ 請負概算金額

　　⑤ 工事概要

(3) 工事現場における施工管理上のあなたの立場又は役割

〔設問２〕 上記工事を施工することにあたり「**工程管理**」上，あなたが**特に重要と考えた事項**をあげ，それについて**とった措置又は対策**を簡潔に記述しなさい。

〔設問３〕 上記工事を施工することにあたり「**品質管理**」上，あなたが**特に重要と考えた事項**をあげ，それについて**とった措置又は対策**を簡潔に記述しなさい。

【問題2】　次の設問1から設問3の答えを解答欄に記述しなさい。

〔設問1〕　電気通信工事に関する語句を選択欄の中から**2つ選び，番号**と**語句**を記入のうえ，**施工管理上留意すべき内容**について，それぞれ具体的に記述しなさい。

選択欄

1．資材の管理	2．機器の据付け
3．波付硬質合成樹脂管（FEP）の地中埋設	4．工場検査

〔設問2〕　下図に示す電話設備系統図において，(ア)，(イ)の日本産業規格（JIS）の記号の**名称**を記入し，それらの**機能**又は**概要**を記述しなさい。

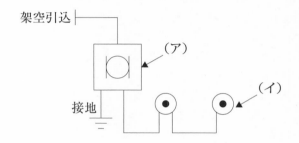

架空引込

（ア）

接地

（イ）

〔設問3〕　下図に示す光ファイバケーブルの施工図において，(1)，(2)の項目の答えを記述しなさい。

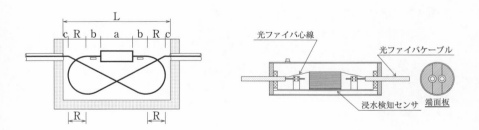

光ファイバ心線

光ファイバケーブル

浸水検知センサ　端面板

図−1　光ファイバケーブル接続要領図　　図−2　クロージャ断面図

(1)　図−1の光ファイバケーブル接続要領図において，ハンドホールの**必要有効長**（L）を求める**関係式**を記述しなさい。

ただし，クロージャ長をa，ケーブル直線部必要長をb，ケーブル許容曲げ半径をR，ケーブルと壁面の離れをcとする。

(2) 光ファイバケーブルの接続に使用される図 - 2 のクロージャにおいて，**浸水検知センサ**の**機能**又は**概要**を記述しなさい。

【問題3】 下記の条件を伴う作業から成り立つ電気通信工事のネットワーク工程表について，(1), (2)の項目の答えを解答欄に記入しなさい。

(1) **所要工期**は，何日か。

(2) 作業 J の**フリーフロート**は何日か。

条　件

1．作業A，B，Cは，同時に着手でき，最初の仕事である。

2．作業D，Eは，Aが完了後着手できる。

3．作業F，Gは，B，Dが完了後着手できる。

4．作業Hは，Cが完了後着手できる。

5．作業Iは，E，Fが完了後着手できる。

6．作業Jは，Fが完了後着手できる。

7．作業Kは，G，Hが完了後着手できる。

8．作業Lは，I，J，Kが完了後着手できる。

9．作業Lが完了した時点で，工事は終了する。

10．各作業の所要日数は，次のとおりとする。

A = 4日，B = 7日，C = 3日，D = 5日，E = 9日，F = 5日，
G = 6日，H = 6日，I = 7日，J = 3日，K = 5日，L = 5日

【問題4】 電気通信工事に関する作業を選択欄の中から**2つ**選び，解答欄に**番号**と**作業名**を記入のうえ，「労働安全衛生法令」に沿った**労働災害防止対策**について，それぞれ具体的に記述しなさい。

ただし，保護帽及び安全帯（墜落制止用器具）の着用の記述は除くものとする。

選択欄

1．高所作業車作業	2．低圧活線近接作業
3．脚立作業	4．移動式クレーン作業
5．酸素欠乏危険場所での作業	

【問題5】　電気通信工事に関する用語を選択欄の中から**4つ**選び，解答欄に**番号**と**用語**を記入のうえ，**技術的な内容**について，それぞれ具体的に記述しなさい。

ただし，技術的な内容とは，定義，特徴，動作原理，用途，施工上の留意点，対策などをいう。

選択欄

1．WDM	2．マルチパス
3．IP － VPN	4．TCP／IP
5．気象用レーダ	6．L3スイッチ
7．ワンセグ放送	8．OFDM

注）WDM　（Wavelength Division Multiplexing）

マルチパス（無線の伝播現象）

IP － VPN（Internet Protocol Virtual Private Network）

TCP／IP（Transmission Control Protocol／Internet Protocol）

OFDM（Orthogonal Frequency Division Multiplexing）

【問題6】　次の設問1から設問3の答えを解答欄に記述しなさい。

〔設問1〕　「建設業法施行規則」に定められている施工体制台帳に記載すべき事項に関する次の記述において，　　　　　に**当てはまる語句**を答えなさい。

　　　「施工体制台帳に係る下請負人に関する記載事項は，商号又は名称及び住所，請け負った建設工事に係る許可を受けた　ア　の種類，　イ　等の加入状況，請け負った建設工事の名称，内容及び工期等であり，現場ごとに備え置かなければならない。」

〔設問2〕　「労働基準法」に定められている労働時間に関する次の記述において，　　　　　に**当てはまる数値**を答えなさい。

　　　「労働時間は，休憩時間を除き1週間について　ウ　時間，1週間の各日について　エ　時間をこえてはならない。」

〔設問3〕　「電波法施行規則」に定められている無線設備の空中線等の保安施設に関する次の記述において，　　　　　に**当てはまる語句**を答えなさい。

　　　「無線設備の空中線系には　オ　又は接地装置を，また，カウンターポイズには接地装置をそれぞれ設けなければならない。ただし，26.175 MHzを超える周波数を使用する無線局の無線設備及び陸上移動局又は携帯局の無線設備の空中線については，この限りでない。」

● 1級実地解答例

〔設問1〕　あなたが**経験した電気通信工事**に関し，次の事項について記述しなさい。

（1）工事名

合格センタービルネットワーク設備工事

（2）工事の内容

①**発注者名**　　　：(株)合格センター

②**工事場所**　　　：大阪府大阪市天王寺区○○町△番

③**工期**　　　　　：令和元年7月～令和元年9月

④**請負概算金額**：1800万円

⑤**工事概要**　　　：構内LAN（スイッチングHUB ●●個，無線LANアクセスポイント●●箇所，UTPケーブル延● km），光ファイバ○○芯延● km

光ノード●個，増幅器●個，分岐器，分配器，保安器ほか

（3）工事現場における施工管理上のあなたの立場または役割

（立場）工事主任　（役割）現場の施工管理←　どちらかを記入

〔設問2〕　上記工事を施工するにあたり「**工程管理**」上，あなたが**特に重要と考えた事項**をあげ，それについて**とった措置**又は**対策**を簡潔に記述しなさい。

（1）特に重要と考えた事項

　　フリーアクセスフロア内でのLANケーブルの配線は200本程度と本数も多く，作業環境も悪いことから作業能率の低下が予想されたため，配線作業の遅れにより工期内に完了できない恐れがあった。

（2）とった措置又は対策

①資材メーカに，発注したLANケーブルの仕様と長さを再確認し，納期を守らせた。

②LANケーブルの寸法どりと切断は作業場外で行わせ，現場では配線作業班を2班（1班2名）から3班として作業能率を向上させた。

〔設問3〕　上記工事を施工するにあたり「品質管理」上，あなたが**特に重要と考えた事項**をあげ，それについて**とった措置又は対策**を簡潔に記述しなさい。

（1）特に重要と考えた事項

　10個のスイッチングHUBからのLANケーブルが80回線と多く，配線が輻輳していたため，LANケーブル誤配線や接続ミスにより，引渡し後に使用できないとの苦情が出る恐れがあった。

（2）とった措置又は対策

①スイッチングHUBからの配線図を回線ごとに色分け表示し，配線ミスの発生しにくいようHUB単位に施工を完結させるようにし，完了の都度，消込確認するようにさせた。

②施工回線ごとにLANケーブルの導通試験を実施し，誤配線のないことを確認し，回線ごとに表示札を取り付けることで，端末の接続ミスを回避させた。

【問題2】

〔設問1〕　電気通信工事に関する語句を選択欄の中から**2つ選び**，**番号と語句**を記入のうえ，**施工管理上留意すべき内容**について，それぞれ具体的に記入しなさい。

1．資材の管理

①資材の発注時には，設計図書に記載された仕様やメーカの確認を行う。

②資材の運搬後は，変質や破損のないことを確認する。

③資材を現場で保管する場合には，雨水のかからぬよう屋内保管とする。

2．機器の据付け

① JIS，有線電気通信設備令や施行規則などの法令規定事項を確認する。

②搬入時に損傷を与えないよう，搬送ルートと養生方法を事前確認しておく。

③機器据付箇所の建物の強度を確認し，補強工事の要否を確認しておく。

3．波付硬質合成樹脂管（FEP）の地中埋設

①通信ケーブルの種類，条数に応じた呼び径となっているか事前に確認する。

②埋設深さおよび他の地中埋設配管との離隔距離が規定値以上か確認する。

③通信線の通線が困難とならないように許容曲げ半径を確認しておく。

294

4．工場検査

①機材が，設計図書に記載された仕様（性能・寸法・重量など）になっているか確認を行う。

②きず・破損・変質の有無がないかを確認しておく。

③附属工具がある場合は，製品と附属工具との整合がとれているか確認する。

〔設問2〕　電話設備系統図

	名称	機能又は概要
（ア）	集合保安器箱	異常電圧の侵入によって電話機が被害を受けるのを防ぐ保安器を内蔵したものである。
（イ）	電話用（通信用）アウトレット	電話線の接続口で，電話線を接続するためのモジュラージャックのことである。

〔設問3〕　光ファイバケーブルの施工図

（1）ハンドホールの必要有効長（L）

$$L = a + 2(b + c + R)$$

（2）浸水検知センサの機能又は概要

　クロージャ内に浸水があった場合，高分子吸収体などが膨張して光ファイバを屈曲させ損失を増加させる。この屈折による減衰を OTDR で検出する。

【問題3】

［ネットワーク工程表］

（1）所要工期：26 日

（2）作業Jのフリーフロート：4 日

（参考）与えられた条件を用いてネットワーク工程表を作成すると，図のようになる。

❶ 所要工期＝イベント番号⑨の最早開始時刻 で，所要工期は 26 日となる。

❷ 作業Jのフリーフロート（F．F：自由余裕）は，最早開始時刻（イベントの左上の丸番号の数字）を用いて，次のように計算する。

　　　㉑ － （⑭ ＋ 3 ） ＝ 4 日

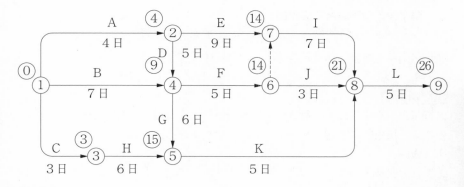

【問題4】

　電気通信工事に関する作業を選択欄の中から**2つ選び**，**番号と作業名**を記入のうえ，「労働安全衛生法令」に沿った**労働災害防止対策**について，それぞれ具体的に記述しなさい。

１．高所作業車作業
①高所作業車の運転操作は，必要な免許・資格を有する者に行わせる。
②転倒・転落による危険防止のため，アウトリガーを最大限に張り出させる。

２．低圧活線近接作業
①作業指揮者を決め，作業者に絶縁手袋などの絶縁用保護具を着用させる。
②電路への接触による感電災害を防ぐため，電路に絶縁用防護具を装着する。

３．脚立作業
①脚と水平面との角度を75度以下とし，折り畳み式のものは脚と水平面との角度を確実に保つための金具などを備えたものを使用する。
②踏み面は，作業を安全に行うのに必要な面積を有するものを使用する。

４．移動式クレーン作業
①旋回半径内に作業員が立ち入らないように，カラーコーンで立入禁止区画を作る。
②地耐力不足している場所では，転倒防止のために地盤を敷鉄板で補強する。

5．酸素欠乏危険場所での作業

①マンホールでの作業時は，入孔前に必ず酸素濃度の測定を行なう。

②作業中は，換気送風設備を使用し，常に新鮮な空気を送り込むようにする。

【問題5】

　電気通信工事に関する用語を選択欄の中から**4つ選び，番号と用語を記入**のうえ，**技術的な内容**について，それぞれ具体的に記述しなさい。

1．WDM

①波長分割多重のことで，光ファイバを使用して通信を行う場合，異なる波長の光を利用して同時に複数チャンネルを伝送する方式である。

②FTTHではWDMを利用することによって，通信用チャンネルとCATV用チャンネルを1本の光ファイバに集約できる。

2．マルチパス

①多重波伝播のことで，同一発信源からの電波が空間を伝播するときに，2つ以上の伝播経路をもつことによって受信側に複数届く反射現象である。

②伝送時間の異なる電波の受信となることで，位相の変化などが生じ，ノイズの発生や電波同士の打ち消しによる受信障害が発生する。

3．IP-VPN

①仮想プライベートネットワークのことで，拠点間接続には専用線でなく，インターネットや通信事業者の保有する公衆回線を利用する通信技術である。

②ユーザごとに論理的に分割されたネットワークを作ることから，パケットを暗号化することなくセキュリティを確保することができる。

4．TCP/IP

①インターネットで標準的に利用されている通信プロトコルであり，TCPとIPの2つのプロトコルで構成されている。

②TCP/IPによる通信では，IPが自分宛のパケットを取り出してTCPに渡し，TCPはパケットに誤りがないことを確認し元のデータに戻す。

5．気象レーダ

①アンテナから電磁波を放射し，反射して戻った電磁波を分析することによって，雨・雪の位置や密度，風の風速や風方などを観測するレーダである。

②気象レーダは，地上気象観測，高層気象観測，気象衛星，アメダスとともに気象観測の手段として天気予報のほか，防災気象にも利用されている。

6．L3スイッチ

①L3スイッチは，VLAN間ルーティングのルータとレイヤ2スイッチを1つのハードウェアとしてまとめたものである。

②ネットワークの中継機器の一つで，ネットワーク層（第3層）とデータリンク層（第2層）の両方の制御情報に基づいてデータの転送先の決定を行う。

7．ワンセグ放送

①地上デジタル放送のサービスの一つで，携帯電話型受信機などの移動体でも安定して受信できるように設計されたサービスである。

②5.57 MHzの帯域幅を13セグメントに分割し，ハイビジョンTV向けに12セグメント（フルセグ），残りの1セグメントをワンセグに使用している。

8．OFDM

①直交周波数分割多重のことで，IFFT（逆フーリエ変換）で変調してFFT（フーリエ変換）で復調する。キャリア数はフーリエ変換の次数に等しい。

②各サブキャリアを直交（90度位相をずらす）させることでサブキャリア間の間隔を密に配置し，限られた周波数帯域を有効利用できる。

【問題6】

〔設問1〕
ア：建設業　　　イ：健康保険
〔設問2〕
ウ：40　　　エ：8
〔設問3〕
オ：避雷器

付録

● 2 級実地試験問題

【問題1】 あなたが経験した電気通信工事のうちから，代表的な工事を1つ選び，次の設問1から設問3の答えを解答欄に記述しなさい。

〔注意〕 代表的な工事の工事名が工事以外でも，電気通信設備の据付調整が含まれている場合は，実務経験として認められます。

ただし，あなたが経験した工事でないことが判明した場合は失格となります。

〔設問1〕 あなたが**経験した電気通信工事**に関し，次の事項について記述しなさい。

〔注意〕 「経験した電気通信工事」は，あなたが工事請負者の技術者の場合は，あなたの所属会社が受注した工事内容について記述してください。従って，あなたの所属会社が二次下請業者の場合は，発注者名は一次下請業者名となります。

なお，あなたの所属が発注機関の場合の発注者名は，所属機関名となります。

(1) 工 事 名

(2) 工事の内容

① 発注者名

② 工事場所

③ 工 期

④ 請負概算金額

⑤ 工事概要

(3) 工事現場における施工管理上のあなたの立場又は役割

〔設問2〕 上記工事を施工することにあたり「**安全管理**」上，あなたが**特に重要と考えた事項**をあげ，それについて**とった措置**又は**対策**を簡潔に記述しなさい。

ただし，安全管理については，交通誘導員の配置のみに関する記述は除く。

〔設問3〕 上記工事を施工することにあたり「**品質管理**」上，あなたが**特に重要と考えた事項**をあげ，それについて**とった措置**又は**対策**を簡潔に記述しなさい。

【問題2】　次の設問1から設問3の答えを解答欄に記述しなさい。

〔設問1〕　電気通信工事に関する語句を選択欄の中から1つ選び，番号と語句を記入のうえ，**施工管理上留意すべき内容**について，具体的に記述しなさい。

選択欄

1．資材の受入検査	2．OTDR（光パルス試験器）の測定
3．UTPケーブルの施工	4．機器の搬入

〔設問2〕　電気通信工事の施工図等で使用される記号について，(1)，(2)の日本産業規格（JIS）の記号2つの中から1つ選び，番号を記入のうえ，**名称**と**機能**又は**概要**を記述しなさい。

(1)　　　　　(2)　RT

〔設問3〕　下図に示す地中埋設管路における光ファイバケーブル布設工事の施工について，(1)，(2)の項目の答えを記述しなさい。

[線路]

	250 m		250 m		250 m		250 m		250 m	
HH 1		HH 2		HH 3		HH 4		HH 5		HH 6
接続用		引通し用		後分岐用		引通し用		引通し用		接続用

※図中のHHは「ハンドホール」を意味する。

(1)　光ファイバケーブル布設工事の施工において，**管内通線の前に行う作業**として**必要な内容**を記述しなさい。

(2)　光ファイバケーブル布設工事の施工において，後分岐用ハンドホールでの**施工上の留意点**を記述しなさい。

【問題3】 下図に示すネットワーク工程表について，(1)，(2)の項目の答えを解答欄に記入しなさい。ただし，○内数字はイベント番号，アルファベットは作業名，日数は所要日数を示す。

(1) **所要工期**は，何日か。

(2) 作業Jの所要日数が**3日から7日**になったときイベント⑨の最早開始時刻は，**イベント①から何日目**になるか。

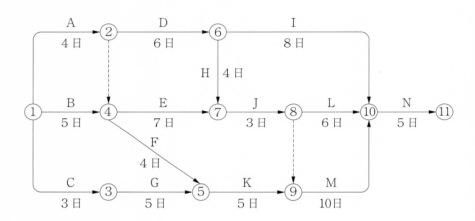

【問題4】 電気通信工事に関する用語を選択欄の中から**2つ**選び，解答欄に**番号**と**用語**を記入のうえ，**技術的な内容**について，それぞれ具体的に記述しなさい。

ただし，技術的な内容とは，定義，特徴，動作原理，用途，施工上の留意点などをいう。

選択欄

1．ONU	2．SIP
3．衛星テレビ放送	4．防災行政無線
5．GPS	6．公開鍵暗号方式

注）ONU（Optical Network Unit）
　　SIP（Session Initiation Protocol）
　　GPS（Global Positioning System）

【問題5】　次の設問1から設問3の答えを解答欄に記入しなさい。

〔設問1〕　「建設業法」に定められている建設工事の請負契約の当事者が，契約の締結に際し書面に記載すべき事項に関する次の記述において，　　　　　に当てはまる語句を選択欄から選びなさい。

　　　　「請負代金の全部又は一部の前金払又は　ア　部分に対する　イ　の定めをするときは，その　イ　の時期及び方法」

選択欄

完成	引渡	出来形	既済
支払	振込	受領	決裁

〔設問2〕　「労働安全衛生規則」に定められている安全衛生責任者の職務に関する次の記述において，　　　　　に当てはまる語句を選択欄から選びなさい。

一　統括安全衛生責任者との　ウ
二　統括安全衛生責任者から　ウ　を受けた事項の関係者への　ウ
三　当該　エ　がその仕事の一部を他の　エ　に請け負わせている場合における当該他の　エ　の安全衛生責任者との作業間の　ウ　及び調整

選択欄

相談	連絡	協議	通知
請負人	発注者	受注者	代理人

〔設問3〕　「端末設備等規則」に定められている接地抵抗に関する次の記述において，　　　　　に当てはまる数値を選択欄から選びなさい。

　　　　「端末設備の機器の金属製の台及び筐体は，接地抵抗が　オ　Ω以下となるように接地しなければならない。ただし，安全な場所に危険のないように設置する場合にあっては，この限りでない。

選択欄

10	30	100	150

◉ 2級実地解答例

【問題1】

〔設問1〕 あなたが**経験した電気通信工事**に関し，次の事項について記述しなさい。

（1）工事名

合格センタービルネットワーク設備工事

（2）工事の内容

①発注者名　　　：（株）合格センター

②工事場所　　　：大阪府大阪市天王寺区〇〇町△番

③工期　　　　　：令和元年7月〜令和元年9月

④請負概算金額：1800万円

⑤工事概要　　　：構内LAN（スイッチングHUB ●●個，無線LANアクセスポイント●●箇所，UTPケーブル延● km），光ファイバ〇〇芯延● km

（3）工事現場における施工管理上のあなたの立場または役割

（立場）工事主任　（役割）現場の施工管理 ← どちらかを記入

〔設問2〕 上記工事を施工するにあたり「**安全管理**」上，あなたが**特に重要と考えた事項**をあげ，それについて**とった措置又は対策**を簡潔に記述しなさい。

（1）特に重要と考えた事項

高さ4mの天井部での配線は，脚立を使用した作業で，見上げた体勢での作業となり，足元の不注意が多くなるため配線作業時に，作業員が体勢不良により墜落事故を起こす恐れがあった。

（2）とった措置又は対策

①作業前のTBM時に，脚立を用いた作業でのKYKを実施し，床部の段差のあるところには，鉄板を敷き脚立設置箇所を水平に保つようにさせた。

②他業者の作業床のある箇所は使用させてもらうようにするとともに，脚立作業は，上下各1名配置して脚立の支持を確実にさせた。

〔設問3〕　上記工事を施工するにあたり「**品質管理**」上，あなたが**特に重要と考えた事項**をあげ，それについて**とった措置又は対策**を簡潔に記述しなさい。

（1）特に重要と考えた事項

　10個のスイッチングHUBからのLANケーブルが80回線と多く，配線が輻輳していたため，LANケーブル誤配線や接続ミスにより，引渡し後に使用できないとの苦情が出る恐れがあった。

（2）とった措置又は対策

①スイッチングHUBからの配線図を回線ごとに色分け表示し，配線ミスの発生しにくいようHUB単位に施工を完結させるようにし，完了の都度，消込確認するようにさせた。

②施工回線ごとにLANケーブルの導通試験を実施し，誤配線のないことを確認し，回線ごとに表示札を取り付けることで，端末の接続ミスを回避させた。

【問題2】

〔設問1〕　電気通信工事に関する語句を選択欄の中から1つ選び，**番号と語句を記入のうえ，施工管理上留意すべき内容**について，それぞれ具体的に記入しなさい。

1．資材の受入検査

①搬送した後，品質や性能を有する新品であるか確認し，きず・破損・変質の有無も確認しておく。

②設計図書と搬入された材料の仕様や数量に間違いがないか確認する。

2．OTDR（光パルス試験器）の測定

①通信で使われる波長は，伝送距離・伝送ルート・使用場所などによって使い分けられているので，測定時には正しい波長を設定するようにする。

②距離レンジは，測定しようとする光ファイバの全長より長いもので，かつ一番近いレンジを選択するようにする。

3．UTPケーブルの施工

①敷設時の張力を110N以下とし，ケーブルのインピーダンスの変化やリターンロスの増加をさせないようにする。

②漏話減衰量を増大させないよう撚り戻しは長くしすぎないようにし，ケーブルの曲げ半径は25mm以下としないようにする。

4．機器の搬入

①搬入口の位置，大きさ，建設機械の使用の可否などを確認し，建設機械の運行経路の路肩の崩壊の防止および地盤の不同沈下を防止する。

②搬入時に損傷を与えないよう，搬送ルートと養生方法を事前確認する。

〔設問2〕 電気通信工事の施工図等で使用される記号

	名称	機能又は概要
（1）	分電盤	電力会社から受電した電気を，各階，部屋ごとに分配する設備で，配線用遮断器や漏電遮断器が内蔵されている。
（2）	ルータ	ネットワーク機器の一つで，一つのネットワーク内の各端末に代って外部と通信を行う中継装置である。

〔設問3〕 地中埋設管路における光ファイバケーブル布設工事の施工

（1）管内通線の前に行う作業として必要な内容

①ハンドホール HH1〜HH6 までの空き管路の確認を行う。

②コンプレッサを使用して水圧で流すなど管路の清掃作業を行う。

③ロープなどの導線を入れておく。

（2）後分岐用ハンドホールでの施工上の留意点

後工程の分岐作業の分岐箱（クロージャ）の配線作業のため，ハンドホール内で円を描く程度のたるみをとっておく。

【問題3】

［ネットワーク工程表］

（1）所要工期：32 日

（2）作業 J の所要日数が 3 日から 7 日になったときイベント⑨の最早開始時刻（イベント①から何日目）：2 1 日目

（参考）与えられたネットワーク工程表を用いて所要工期＝イベント番号⑪の最早開始時刻を計算すると図1のようになる。また，作業 J の所要日数が 7 日になった時の最早開始時刻の計算結果は，図2のようになる。

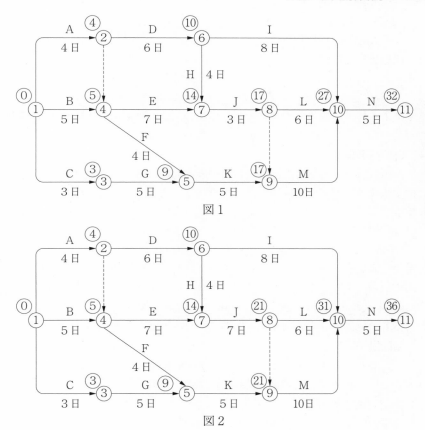

図1

図2

付
録

【問題4】

　電気通信工事に関する用語を選択欄の中から2つ選び，**番号と用語**を記入のうえ，**技術的な内容**について，それぞれ具体的に記述しなさい。

1. ONU

①光回線の終端装置で，FTTHの加入者宅に設置され，受け取った光信号とLANを変換・接続するためのものである。

②ONUはIEEE802.3ahで標準化されており，通信事業者側にはONUと対となるOLTという終端装置が設置される。

2. SIP

①RFC3261で規定されたVoIP規格の一つであり，音声・映像などをネットワーク上でリアルタイムに通信させるプロトコルである。

②IP 電話，テレビ電話，ビデオチャット，テレビ会議，インスタントメッセンジャーなどで採用されている。

3．衛星テレビ放送

①赤道の上空 36,000 km の位置にある人工衛星からの電波を用いて，BS 放送，CS 放送を受信用のパラボラアンテナを用い家庭の TV まで届ける。

②効率よく広域に放送ができ，大容量の情報伝達力がある，建物や地形の影響で電波が乱れることもなく，災害時にも強い。

4．防災行政無線

①県や市町村が「地域防災計画」に基づき，地域の防災，応急救助，災害復旧に関する業務に使用するもので，平常時には一般行政業務に使用する。

②デジタル系システムは，基本的には親局設備（市町村庁舎内），子局設備（屋外拡声子局），戸別受信機（各戸）で構成されている。

5．GPS

①全地球測位システムのことで，米国で運用される衛星測位システムで，上空にある数個の GPS 用衛星からの信号を受信器で受け取り現在位置を知る。

②GPS 衛星から発射した時刻信号の電波の到着時間などから，地球上の電波の受信者の位置を三次元測位するもので，カーナビなどに利用されている。

6．公開鍵暗号方式

①「公開鍵」と「秘密鍵」という二つの鍵を利用して暗号化，復号化を行う暗号方式で，一般的に受信者が公開鍵と秘密鍵をもつ。

②公開鍵暗号方式のうち，実用化されているものには RSA や RSA より少ない計算量で同等の安全性が確保できる楕円曲線暗号がある。

【問題5】

〔設問1〕

ア：出来形　　　イ：支払

〔設問2〕

ウ：連絡　　　　エ：請負人

〔設問3〕

オ：100

Memo

Memo

＜著者紹介＞

不動　弘幸（ふどう　ひろゆき）

不動技術士事務所

技術士（電気電子部門/経営工学部門/総合技術監理部門），

電気通信主任技術者（第１種伝送交換・線路），第１級陸上無線技術士，

工事担任者（アナログ・デジタル総合種），第１種電気主任技術者，

エネルギー管理士（電気·熱），労働安全コンサルタント（電気），

監理技術者（電気・通信），１級電気工事施工管理技士，第１種電気工事士ほか

ご注意

（1）　本書の内容に関する問合せについては，明らかに内容に不備がある，
　　　と思われる部分のみに限らせていただいておりますので，よろしくお
　　　願いいたします。
　　　　　その際は，FAXまたは郵送，Eメールで「書名」「該当するページ」
　　　「返信先」を必ず明記の上，次の宛先までお送りください。

　〒 546-0012
　大阪市東住吉区中野 2 丁目 1 番27号
　　（株）弘文社編集部
　Eメール：henshu1@kobunsha.org
　FAX：06-6702-4732

　※お電話での問合せにはお答えできませんので，
　　あらかじめご了承ください。

（2）　試験内容・受験内容・ノウハウ・問題の解き方・その他の質問指導
　　　は行っておりません。
（3）　本書の内容に関して適用した結果の影響については，上項にかかわ
　　　らず責任を負いかねる場合があります。
（4）　落丁・乱丁本はお取り替えいたします。

合格の決め手！

電気通信工事施工管理　学科試験予想問題集
1級・2級対応

著　　　者　　不 動 弘 幸

印刷・製本　　亜細亜印刷株式会社

- -

発 行 所　株式会社　弘 文 社　　〒546-0012 大阪市東住吉区
　　　　　　　　　　　　　　　　　　中野 2 丁目 1 番27号
　　　　　　　　　　　　　　　☎　　　(06)6797― 7 4 4 1
　　　　　　　　　　　　　　　FAX　　(06)6702― 4 7 3 2
　　　　　　　　　　　　　　　振替口座 00940― 2 ―43630
代 表 者　　　岡 﨑　　靖　　　東住吉郵便局私書箱 1 号

落丁・乱丁本はお取り替えいたします。